하리하라의
사이언스 인사이드 1

하리하라의 사이언스  인사이드

과학으로 세상 보기, 세상에서 과학 보기

이은희 지음

1

살림Friends

차례

본격적으로 과학의 강물에 뛰어들기 전에

 ## 과학, 삶을 바라보는 또 다른 태도

제 아이가 다니는 초등학교의 방과 후 수업 중 '과학 실험 교실'이
단연 인기가 많습니다. 1학년은 희망자가 어찌나 많은지 일 년 내내
분기마다 추첨을 하거나 순번을 정해 돌아가면서 수업을 들어야 할
정도입니다. 그런데 이상하게도 하늘을 찌를 듯했던 방과 후 과학
교실의 인기는 아이들이 자라는 것과 반비례해 급속도로 시들해집
니다. 고학년을 위한 '과학 실험 교실'은 저학년 반과는 달리 사람이
붐비지 않고요. 이 시기를 기점으로 과학을 좋아하는 학생들의 비율
도 급격히 떨어지기 시작합니다.

　이런 현상은 성인이 되면 더욱 심해집니다. 학창 시절에는 시험을

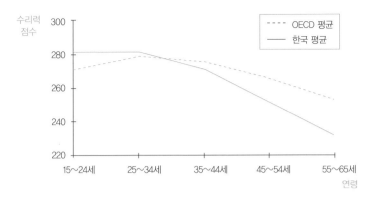

• 국제성인역량조사(PIAAC) 수리력 분야 OECD 평균 점수와 한국 평균 점수.

보고 점수를 매기기 때문에 과학을 좋아하지 않는 사람들도 일단 공부를 하기는 합니다. 하지만 학교 시험과 입시에서 벗어난 성인 다수는 과학에 대한 흥미도 잃고 아예 관심조차 갖지 않는 경우도 많습니다.

그리고 이런 일이 일어납니다. 전반적으로 OECD에 속한 국가의 시민은 청소년기에서 성년기가 되면서 수리력이 점점 증가하다가 약간 떨어지기는 해도, 십 대 시절과 전반적으로 비슷한 수준을 유지합니다. 하지만 한국은 다릅니다. 십 대 시절에는 다른 국가에 비해 월등히 높았던 수리적 역량이 청년기를 거치면서 꺾이기 시작하더니 사십 대 중반 이후에는 가파르게 내리막길을 걷습니다. 물론 사람은 나이를 먹으면 노화 현상 때문에 지적 능력이 영향을 받을 수 있습니다. 하지만 이 정도의 내리막 각도는 자연스러운 노화 현상만으로는 설명하기 어렵습니다. 또한 다른 나라에서는 이 정도의 저하가 나타나지 않는다는 점을 고려하면 더욱 이상한 일이지요. 30년이라는 세월 말고 무엇이 우리를 이렇게 만든 것일까요?

과학도로서 과학을 좋아하고 과학자가 되길 꿈꾸던 저는 지금은 과학 커뮤니케이터로 일하고 있습니다. 15년 전, 우연한 기회에 과학도의 길에서 벗어나 과학 커뮤니케이션이라는 생소한 분야에 뛰어든 뒤로 가장 오랫동안 고민한 문제가 바로 이것이었습니다. 아이들은 주입식 교육을 받았든 기계적으로 외웠든, 어쨌거나 과학 용어와 개념에 매우 익숙합니다. 초등학생만 되어도 GMO가 무엇인지, 인공 지능이 바꿀 미래가 어떤지, 지구 온난화와 기후 변화의 원인이 무엇인지 안다고 생각합니다. 게다가 이런 주제로 토론까지 하는 아이들도 수두룩합니다. 물론 아직 어려서 이해 수준은 그다지 높지 않지만 적어도 새로운 단어나 개념을 피하려고 하지는 않습니다. 아직은 새로운 걸 알아가고 싶은 호기심이 더 큰 나이니까요.

하지만 주위의 성인들을 살펴볼까요? 대부분의 성인들은 오늘도 치솟는 미세 먼지 수치에 투덜거리고, 먹거리에 대한 공포감에 비싼 유기농 식품을 찾고, 환경오염을 걱정합니다. 그러나 새로운 과학 용어와 개념을 알아보려고 나서는 이들은 많지 않습니다. 일어난 결과에 대해 짜증내거나 두려워는 하는데, 이 짜증과 두려움을 가져오는 원인과 과정을 알아가는 것 역시도 짜증나고 두렵다며 피하지요. 30년이라는 세월이 이토록 무섭습니다. 저는 그분들에게 이런 말을 건네고 싶습니다.

> 우리는 현대가 과학의 시대임을 인정하고 과학의 발전이 삶
> 의 모습을 하루가 다르게 바꿔놓는 세상에 살아가면서도, 여
> 전히 과학을 공부하는 건 그토록 피하고 싶은 걸까요? 혹시
> 많은 사람이 생각하는 '과학'의 모습이 실상은 오해와 선입견
> 의 얼룩으로 뒤덮인 '그림자 과학'이기 때문이 아닐까요? 우
> 리는 과학 공부를 하면서 과학의 본질을 본 게 아니라 두루
> 뭉술한 윤곽과 그림자로 지레짐작한 게 아닐까요? 그래서
> 우리 주변에 아주 가까이 녹아들어 있는 과학이라는 공기를
> 잡히지 않는 하늘 높은 곳에서 피어오르는 구름이라 믿었던
> 건 아니었을까요?

이 책에서는 이런 의문을 바탕으로 제가 평소에 생각하던 것들을 엮어보았습니다. 과학은 하늘 위의 구름이 아니라 우리가 숨 쉬는 공기라는 것, 교과서 속 박제된 죽은 지식이 아니라 우리 곁에 살아서 펄떡이는 삶의 지혜라는 것, 과학은 결과가 아니라 과정이라는 것, 과학적으로 사고하는 방식을 익히는 것이 곧 인간적으로 생각하는 방식입니다.

이 책의 제목 『하리하라의 사이언스 인사이드』에서 '인사이드'는 영어 단어 'inside'이기도 하고 '사람 인(人)'에 영어 'side'를 붙

인 합성어이기도 합니다. 저는 과학이 우리의 일상 속으로 스며들어 (inside), 사람(人) 곁(side)에 가까이 머무는 것으로 인식되면 좋겠다고 생각합니다. 과학은 과학자의 전유물이 아니고 꼭 연구실에서만 이루어지는 것도 아닙니다. 과학은 우리가 살아가는 삶 자체이며, 일 상적으로 사용하고 느끼는 것입니다. 따라서 '사이언스 인사이드'에는 지금까지 저들의 것이라고만 여겨왔던 과학이, 좀 더 많은 사람들 곁에 다가가 '우리 모두를 위한 과학'이 되길 바라는 마음이 담겨 있습니다.

우리 눈에 비친 과학의 이미지

과학을 알아가는 건 헤엄치는 방법을 배우는 과정과 비슷합니다. 수영을 배우려면 먼저 머리를 물속에 집어넣고 숨을 내뱉으며 물에 대한 두려움을 없애는 것부터 시작해야 합니다. 일단 물에 머리를 집어넣을 줄 알아야, 자유형-배영-평영-접영으로 이어지는 일련의 영법을 익힐 수 있고, 물속에 뛰어들어 노니는 즐거움을 몸으로 알 수 있지요. 과학이라는 바다는 무한히 넓고 깊어 선뜻 뛰어들기 어려워 보이지만, 헤엄치는 방법만 알면 얼마든지 즐길 수 있는 무궁무진한 재미를 품은 곳이랍니다. 수영하는 재미를 알면 여름이 기다려지듯, 과학으로 수다 떠는 법을 알면 삶이 덜 지루해진답니다.

바닷물에 뛰어들려면 먼저 준비 운동을 충분히 해야 합니다. 섣부른 마음에 급하게 뛰어들었다가는 발에 쥐가 나거나 옆구리가 결릴 수도 있고 코에 물이 들어가 짠맛을 볼 수도 있습니다. 심지어는 물에 빠져 목숨이 위험해지는 불상사가 생길지도 모릅니다. 그러니 과학이라는 바다에서 놀기 전에 충분히 준비 운동을 해야 합니다.

옛말에 '적을 알고 나를 알면 백 번 싸워 백 번 이긴다(知彼知己百戰百勝)'라는 말이 있습니다. 고루한 잔소리처럼 들릴지 모르겠지만, 미지의 세계에 발을 들이면서 아무런 준비도 하지 않는다는 것은 무모한 일입니다. 게다가 과학의 본질을 알고 나면 이 옛말이 주는 묵직한 의미가 다시금 다가옵니다. 따라서 우리가 먼저 할 일은 '과학'이 어떤 의미를 가지고 있는지 확실히 새겨보는 것입니다.

대한민국에서 정규 교육을 받는 사람은 누구나 과학 과목을 공부하게 됩니다. 그것도 오랫동안 꽤 많은 양을 공부하지요. 새로 바뀐 교과 과정에서는 초등학교 3학년부터 정식으로 '과학' 교과가 시작돼 적어도 고등학교 1학년까지 이어집니다. 하지만 이렇게 과학을 공부한 사람들이 정작 '과학'의 뜻을 제대로 알고 있는 경우는 많지 않습니다. 심지어 과학을 전공하는 이공계 대학생들에게 질문을 해도 자신이 공부하는 과학이 무엇인지 제대로 대답하지 못하는 사람이 태반입니다. 저는 강연 때마다 늘 이런 질문을 던집니다. "과학이 무엇인가요?" 똑같은 질문을 수백 번 던지면서 흥미로운 패턴을 발견했습니다. 세대, 성별, 지역, 교육 수준에서 서로 다른 수많은 사

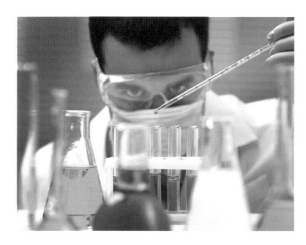

· 가장 전형적인 과학
자의 모습.

람들이, 이 극명한 차이에도 불구하고 과학에 대해 가지는 이미지가
거의 일치한다는 것이었지요.

가장 전형적인 '과학적인 장면'을 떠올려보라고 하면 어떤 대답이
나올까요? 가장 많이 떠올리는 장면은 하얀 실험복을 입은 과학자
(주로 남성입니다)가 연구실에서 알 수 없는 시약을 뒤섞는 모습입니
다. 때로는 시약 대신 현미경이나 복잡한 기계 장치, 컴퓨터, 칠판 가
득 쓰인 알 수 없는 수식 등이 등장하기도 합니다. 그러나 적어도 세
가지, 즉 ①연구실이라는 독립된 공간, ②실험복을 입은 과학자, ③
일상에서 쉽게 볼 수 없는 현상에 집중하는 모습은 공통적입니다.

두 번째로 많이 떠올리는 장면은 첨단 기술의 결과물입니다. 간단
하게는 스마트폰이나 비행기에서 시작해, 컴퓨터와 인터넷, 인간형
로봇, 자율 운행 자동차, 가상현실 등 우리의 삶을 편리하게 돕고 인

간의 한계를 넘어서게 해주는 다양한 장치를 떠올리는 것이지요.

보통 이 두 가지 경우를 벗어난 과학적 이미지를 상상하기는 쉽지 않습니다. 다시 말해, 과학은 매우 전형적인 고정관념을 가지고 있다는 뜻입니다. 그리고 이 고정관념이 의미하는 바는 매우 명확합니다. 첫째, 과학이란 일상이 아닌 연구실(혹은 실험실)이라는 독립된 별개의 공간에서, 평범한 사람들이 아닌 '과학자'라는 특별한 사람들에 의해 행해지는 독특한 활동이라는 이미지입니다. 둘째, 과학이 이루어지는 과정은 모르지만 적어도 그 결과물은 우리의 삶을 획기적으로 바꿔준다는 것입니다. 그럼 여기서 다시 바꿔 묻겠습니다. 이것이 과학의 전부일까요?

만약 이것이 과학의 전부라면, 과학은 정말로 과학자들의 전유물이 됩니다. 그러니 과학자가 아닌 사람이나 과학자가 될 마음이 없는 사람은 과학을 배워야 할 이유가 딱히 없습니다. 우리는 과학자들이 하는 대로 내버려두다가 굿이나 보고 떡이나 먹으면 되니까요. 이게 정말 과학의 전부라면, 정규 교과목에 과학을 넣어 10년에 가까운 세월 동안 수많은 이들이 머리를 쥐어뜯게 만든 사람들은 지독한 성격 파탄자임에 틀림없습니다. 그토록 많은 '과포자' '수포자'를 탄생시키는 데 결정적인 역할을 한 사람들이니까요.

하지만 절대 그럴 리는 없겠지요. 과학이 정규 교과목에 포함되어 있는 건 나름의 이유가 있을 겁니다. 먼저 국립국어원에서 펴낸 표준국어대사전은 '과학'을 "보편적인 진리나 법칙의 발견을 목적으로 한 체계적인 지식. 넓은 뜻으로는 학(學)을 이르고, 좁은 뜻으로는 자연과학을 이른다"라고 풀이합니다. 쉽게 말하면, 세상에서 일어나는 일 가운데 우연이나 요행으로 벌어지는 일이 아니라, 일정한 패턴을 가지고 반복되는 일, 그중에서도 이 패턴이 가능함을 논리적으로 설명할 수 있는 법칙을 찾아내는 일이라는 뜻입니다. 흔히 물리, 화학, 생물, 지구과학으로 요약되는 과학과는 어쩐지 거리가 멀어 보이지요. 오히려 과학은 모든 학문을 아우른다는 의미를 지니고 있습니다.

 ## 과학은 science다!

그런데 개인적으로는 이런 복잡한 뜻보다는, 단 한 단어로만 과학을 기억하면 된다고 생각합니다. **"과학은 science다!"**라는 문장이지요. 어이가 없으신가요? 여기까지 말하면 사람들은 대개 어이없어 하더라고요. '과학'이나 'science'나 그게 그거 아니냐는 반응인 거지요. 하지만 이 두 단어의 미묘한 방향성의 차이가 생각보다 큽니다. 물론 두 단어가 지칭하는 대상은 동일합니다. 하지만 커다란 코끼리를 앞에서 볼 때와 뒤에서 볼 때 비록 대상이 동일해도 그 모습은 전혀 다르듯이 과학과 science도 동일하면서도 다릅니다. 한마디로 science가 과정이라면 과학은 결과에 가깝습니다. 세상에 대한 의문은 science, 결과 쪽은 과학이 가진 이미지와 부합하는 것이죠.

애초에 science는 '알다'라는 뜻의 라틴어 scǐo에서 유래된 말입니다. 소크라테스는 SCIO ME NIHIL SCIRE(I know that I know nothing. 나는 내가 아무것도 알지 못한다는 것을 안다)라고 말한 바 있는데, 여기 나오는 scǐo가 바로 '알다'라는 말입니다. 이 단어에서 '아는 것, 지식'을 뜻하는 'sciéntǐa'가 나왔고, 여기서 영어 science가 유래되었다는 사실은 science의 태생 자체가 '아는 것'이라는 말이 됩니다. 그리고 여기서 '앎'이란 내가 이미 알고 있는 지식이라기보다는 '내가 모르는 것'에 가깝습니다. 뭔가 알기 위해서는 먼저 내가 그 사실을 모른다는 것을 인식해야 합니다.

다음 두 장의 지도를 볼까요? 왼쪽은 중세 시대 유럽의 지도이고, 오른쪽은 아메리카대륙이 발견된 이후의 지도입니다. 두 지도의 결정적인 차이는 빈 공간입니다.

지구상에는 여러 대륙이 존재하지만 균등하게 나뉘어 있지는 않

• 중세 시대 유럽의 지도(왼쪽)와 아메리카대륙이 발견된 이후의 지도(오른쪽).

습니다. 그중에서도 아시아, 유럽, 아프리카는 하나로 연결된 대륙입니다. 이곳에 살던 사람들은 아주 오래전부터 세 대륙이 존재한다는 사실도, 각 대륙에 피부색과 언어, 문화가 다른 민족이 산다는 사실도 알고 있었습니다. 하지만 이들이 사는 대륙 너머에는 무엇이 있는지는 알지 못했습니다. 유럽과 아프리카의 서안에는 대서양이, 아시아의 동편에는 태평양이 있었는데, 당시 사람들이 건너기에는 너무 거대했습니다. 이 육지의 끝에서 바다를 바라보면 수평선 너머가 보이지 않습니다. 보이지 않는 너머를 상상하던 사람들은 이렇게 말합니다. "저 바다 너머에는 세상의 끝이 있고, 그 끝에는 종말과 죽음이 있다는 걸 '알고' 있다."

바다 건너에는 세상의 끝과 죽음만이 존재한다는 걸 아는데, 굳이 저승길에 나설 사람은 없습니다(물론 당시의 기술력으로는 건너기도 어려웠겠지요). 누가 먼저 이런 생각을 했는지 알 길은 없습니다. 하지만 '알고 있다'고 생각하는 순간, 그들은 그 땅에 물리적으로나 심리적으로 갇히고 맙니다. 누구도 인식하지 못하지만요. 그런데 세월이 지나 누군가 길을 나섭니다. 지구가 둥글다는 사실(이미 2,000년 전에 알았지만 무시했던 사실)이 저 바다 너머에 지구의 끝이 아닌 다른 무언가가

* 각 대륙의 면적을 비교해보면, 아시아 44,579,000㎢, 유럽 10,180,000㎢, 아프리카 30,211,000㎢으로 셋을 합치면 전체 대륙의 57% 정도다. 남북아메리카대륙의 경우 42,549,000㎢로 전체의 28.4%에 해당되며 유럽의 네 배가 넘는 크기다.

있을지도 모른다는 생각으로 이끈 겁니다. 생각을 실행으로 옮긴 그 '모름'에 대한 깨달음이 아메리카대륙이라는 어마어마하게 큰 땅덩어리*를 찾아내게 합니다. 그제야 사람들은 지도를 다시 그리기 시작합니다.

흥미롭게도 오른쪽 지도에서 대서양 연안의 아메리카대륙 지도는 비교적 상세한 데 반해, 내륙 쪽은 거의 비어 있고 심지어 태평양 연안은 표기조차 없습니다. 사람들은 이 지도에서 '모름을 아는 것의 힘'을 깨닫습니다. 모르는 것을 인식조차 하지 못할 때 모름은 영원히 미지의 세계로 남습니다. 모름을 알았으나 이를 무시하면 우리를 가두는 족쇄가 됩니다. 그러나 모름을 인지하고 인정한다면 모름은 더 이상 모르지 않게, 아니 모를 수가 없게 됩니다. 이 지도에서 말하는 바가 바로 이것입니다. 『사피엔스』라는 책으로 유명한 이스라엘의 역사학자 유발 하라리는 이 빈 지도에서 서양과 동양의 근대 역사가 갈렸다고 말하기도 합니다.

다시 말해, science에는 '아는 것', 더 정확히는 '모름을 아는 것'이라는 의미가 담겨 있습니다. 나는 세상을 모릅니다. 하지만 모르는 것을 인정하기 때문에 알기 위해 노력할 수 있습니다. 과학을 공부하면서 가장 중요한 건 바로 이 '모름을 인정하는 것'입니다. 세상에 태어날 때부터 다 아는 사람이 어디 있나요? 살면서 차차 알아가는 것이지요. 과학을 대할 때도 이런 배짱이 좀 필요합니다. 배우지 않은 것을 모르는 건 당연합니다.

사실 과학자라는 사람들은 세상에서 모른다는 말을 가장 많이 하는 사람입니다. 대중매체에서는 과학자를 척척박사나 똘똘이 스머프의 이미지로 소비하지만, 실제 과학자는 모름을 알아가는 최전선에 서 있는 사람이기 때문에 모르는 것 투성이일 수밖에 없습니다. 그들은 인정합니다. 모르는 것은 모른다고, 그것을 알고 싶다고, 그래서 이제 알게 되었지만 아직도 모르는 것이 더 많다고 말이지요. 그러니 과학을 배울 때만큼은 몰라서 창피하다는 생각은 안 해도 됩니다. 모르면 알면 되지요. 자신이 뭘 아는지 모르는지조차 제대로 모르거나, 어설프게 알면서 다 안다고 생각하거나, 무지를 무기로 휘두르며 몰라서 그랬다고 우기는 건 부끄러운 일입니다. 하지만 모른다고 고백하고 알려는 건 절대로 부끄러운 일이 아니랍니다. 소크라테스가 "나는 내가 아무것도 모른다는 것을 안다"라고 말했을 때, 당시 지식인들이 왜 이 말에 분노했는지 이제는 이해가 됩니다.

제1부
과학으로 세상 보기

과학은 '무지를 인정하고 알아가기 위한 삶의 태도'입니다.
따라서 과학이란 세상을 바라보는 삶의 다양한 시선 중
하나이며, 삶에서 발생하는 다양한 문제를 좀 더 확실하게
바라보고 효율적으로 접근할 수 있게 해주는 '삶을 돕는
하나의 방법이자 관점'입니다. 제1부에서는 과학으로 세상을
바라보는 여러 가지 방법을 이야기해보겠습니다.

01

내가 본 그 남자는 누구였을까?
– 자연의 실재성

 과학의 연구 대상은 '자연에 존재하는 것'

아주 오래전 일입니다. 제가 다니던 대학에 '청송대'라는 이름이 붙은 작은 숲이 하나 있었습니다. 서울 시내 한복판답지 않게 주변의 소음이 차단된, 나름 고즈넉한 곳이었지요. 대학 1학년 가을, 친구와 함께 청송대 벤치에 앉아 이야기를 나누고 있었습니다. 무슨 이야기를 했는지는 기억나지 않지만 매우 진지했던 건 확실합니다. 해가 뉘엿뉘엿 지는 것조차 잊은 채 한참 이야기를 나누던 우리는 마치 누가 신호라도 준 듯, 동시에 고개를 돌려 같은 쪽을 바라보았습니다. 그 순간, 저는 불타는 듯한 가을 석양을 받아 검붉게 물든 나무 사이로 한 남자의 모습을 언뜻 보았습니다. 갈색 모자를 눌러써서 얼굴은 잘 보이지 않았지만, 키가 제법 컸고 선이 가늘어서 실루엣이 꽤 멋졌다고 기억합니다.

그런데 놀랍게도 그 남자는 무릎 아래가 없었습니다. 장애가 있었던 게 아니라 그냥 다리 자체가 희미하게 지워진 채 허공에 살짝 떠 있었지요. 순간 저도 모르게 "헉!" 하고 소리를 질렀습니다. 더욱 놀라운 건 제 옆에 있던 친구도 저와 비슷한 뉘앙스의 소리를 질렀다는 사실입니다. 이와 동시에 허공에 떠 있던 남자의 실루엣은 흔적도 없이 사라져버렸습니다. 설명할 수 없는 무언가를 제 눈으로 보았다는 것보다, 제 친구도 그걸 보았다는 사실에 더 놀랐던 기억이 납니다. 우리는 누가 먼저랄 것도 없이 벌떡 일어나 숲을 빠르게 빠져나왔습니다.

서로 말도 하지 않고 한참을 뛰듯이 걸어 그 자리에서 벗어났습니다. 학교 앞 익숙한 번화가와 반짝거리는 네온사인을 보고나서야 우리는 정신을 차렸고, 서로의 경험을 비교할 수 있었지요. 그 경험이 아직도 기억에 남아 있는 건, 저와 친구가 동시에 동일한 이미지를 보았기 때문입니다. 우린 분명히 보았습니다. 그 이미지는 20여 년이 지난 지금도 또렷하니까요. 저뿐만 아니라 친구도 보았다고 확신하고 있습니다. 하지만 둘이 보았다고 해서 그 남자가 진짜로 존재한다고 여겨도 될까요?

결론을 말하자면 그 남자는 과학적으로는 존재하지 않는 대상이며, 그날 겪은 일은 어스름한 가을 석양과 눈의 착각, 같은 이야기에 몰입하고 있던 두 사람이 같은 것을 생각하고 있다가 벌어진 우연의 일치일 것입니다. 사람은 추상적인 자극에서 시각적 이미지를 찾아내는 데 익숙하기에 아마도 나무 그늘과 그림자를 사람으로 인식했을 테지요. 우리는 살면서 종종 이런 경험을 하곤 합니다. 존재하지 않는 것을 보거나 듣는 일 말입니다. 이런 과정에서 누군가는 우리가 인식하지 못하는 세상, 예컨대 사후 세계나 영적인 공간이 존재한다고 믿기도 하고, 물리적인 법칙이 통하지 않는 초자연적인 존재가 실재한다고 생각하기도 합니다. 그러면서 말합니다. 세상 모든 것을 과학으로 설명할 수 없다고 말이지요. 맞는 말입니다. 세상에는 아직 과학적인 방식으로 설명할 수 없는 것이 많습니다. 애초에 과학의 연구 대상은 '자연에 존재하는 것'으로 한정되어 있으니까요. 다시 말해, 과학은 존재에 대한 증명이 필요합니다.

 ## 존재가 증명되지 않은 것은 과학의 대상이 아니다

존재가 증명되지 않은 것은 과학의 대상이 아닙니다. 혹자는 누군가가 실제로 접신(接神)을 하고 두 눈으로 초자연적인 현상을 보았기 때문에 이런 것도 존재한다고 주장합니다. 하지만 과학에서 존재 혹은 실재라는 말에는 객관적으로 '관측' 가능하거나, 수치적으로 '측정’ 가능하거나, 논리적으로 ‘예측’ 가능한 경우라는 뜻이 내재되어 있습니다. 단지 누군가의 눈에 얼핏 보인다고 존재하는 것이 아니라, 누구나 특정한 방식을 사용하면 보여야 하고, 크기·양·질량 등을 측정할 수 있어야 합니다. 인간이라는 몸뚱이가 지닌 물리적 한계 때문에 직접 보기가 어렵다면 기구(예를 들어 현미경이나 망원경, 적외선 카메라나 초음파 기계 등)를 사용해 볼 수 있거나 논리적 사고 과정에 따라 존재할 수밖에 없다는 결론이 나와야 비로소 ‘존재’한다고 인정할 수 있다는 것이지요. 과학은 그렇게 존재한다고 인정된 것만을 연구 대상으로 삼습니다. 그래서 세상에는 과학을 벗어난 영역도 있을 가능성이 여전히 남아 있습니다. 이것을 부정하는 게 아닙니다. 다만, 과학은 그 영역을 대상으로 삼지 않는다는 말이지요.

자연에 존재함이 증명된 것을 과학의 연구 대상으로 삼다보니, 도구와 기구의 발전이 과학의 발전에 엄청난 영향을 미칩니다. 17세기 네덜란드의 포목상이었던 안톤 판 레이우엔훅이 돋보기를 개량해 배율이 300배에 달하는 현미경을 만든 뒤, 자연에 대한 인간의 인식과 이해의 비율은 엄청나게 증가했습니다. 17세기 이전의 사람들은 눈에 보이지 않을 만큼 작지만 물리적 실체를 지닌 존재가 있으리라고는 생각하지 못했습니다. 하지만 현미경이 등장하고 나서 인간의 인식 세계는 우리의 눈이 가진 해상도를 넘어 가시광선이 허용하는 범위(가시광선의 파장 길이로 인해 렌즈를 이용하는 광학현미경은 최대 1,000배까지만 확대 가능합니다)까지 넓어졌고, 더 짧은 파장의 빛을 쓰면 더 작은 세상도 확대해서 볼 수 있다는 데까지 생각이 미쳤습니다. 그래서 개발된 것이 훨씬 짧은 파장을 이용해 10만~30만 배로 배율을 확장할 수 있는 전자현미경입니다.

가려지거나 감춰져서 볼 수 없는 것도 마찬가지입니다. 초음파나 적외선, X선 등을 이용해 볼 수 있는 방법이 생기면서 이전에는 미처 몰랐던 것들이 인식의 세계로 들어왔고, 그래서 과학의 영역은 더 넓어졌습니다. 현미경 외에도 각종 관측 장치와 계측 장치가 등장하면서 인간이 자연에서 감지할 수 있는 분야가 점점 더 넓어져왔습니다. 이 과정에서 희미한 '변경 지대'에 속했던 것들이 점차 뚜렷한 실제 영역으로 들어오게 되었지요. 그러니 언제든 인류의 오감이 공인된 기구와 도구를 통해 확장되어 자연에 존재한다는 것이 증명된다면, 이전에는 과학의 영역이 아니라서 배제되었던 부분도 얼마든지 내부로 편입될 수 있다는 것을 의미합니다. 다만 여기서 '확장'이란 외(外)과학적 분야가 과학적인 분야로 들어올 수 있다는 것이지, 시간이 지나면 비(非)과학적 분야도 과학으로 인정받을 수 있다는 뜻은 아닙니다. 예컨대, 외계인이 존재하는지를 현재는 알 수 없지만 어쨌든 물리적 실체를 지닌 대상이기에 언젠가 우리가 확실한 경로를 통해 그들을 만나거나 실재한다는 증거를 찾는다면 언제든 과학의 영역으로 들어올 수 있는 존재입니다. 이에 반해, 귀신이나 유령 같은 존재는 물리적 실체가 될 수 없기에 여간해서는 과학의 영역으로 편입되기는 어려울 것 같습니다. 모든 것을 과학으로 설명할 수 없기 때문에 과학이 믿지 못할 만한 것이 아닙니다. 자연 속의 것이 아닌 다른 영역의 것들, 다시 말해서 물리적 방법으로 존재를 알 수 없는 것까지는 아는 척하지 않겠다는 것입니다.

02

레알? 증거를 대봐!
– 경험적 증거

 ## 과학의 기본은 '모름을 인정하는 것'

한창 일을 하고 있을 때였습니다. 동생에게서 전화가 와서 받았더니 대뜸 누나 어디냐고 묻는 게 아니겠어요? 평일 대낮에 직장인이 어디겠습니까. 당연히 직장에서 일을 하고 있겠지요. 그런데 동생은 그럴 리 없다며 지금 장난치는 거 아니냐고 다시금 확인하더군요. 왜 그러냐고 했더니, 조금 전에 신촌 거리에서 건너편에 있는 저를 보고 반가운 마음에 불렀답니다. 그런데 거리가 시끄러워서인지 제가 그냥 지나가버렸다는 것입니다. 동생도 평일 낮에 일하고 있을 누나가 신촌 거리에 있는 게 이상했지만, 먼발치에서 생김새나 옷 스타일을 봐도 누나가 분명했기에 확인차 전화를 했다는 것입니다. 결국

이 일은 친누나도 제대로 알아보지 못하는 눈썰미 없는 동생이라는 해프닝으로 끝났지만, 이후로도 동생은 한참을 억울해했지요. 정말 저랑 똑같았다고 하면서요.

우리도 종종 이런 경험을 합니다. 혼잡한 거리에서 지인의 뒷모습을 우연히 볼 때가 있지요. 편의상 이 친구의 이름을 '갑돌이'라고 할게요. 나는 반가운 마음에 갑돌이를 불러보았지만, 어찌된 영문인지 갑돌이는 뒤도 안 돌아보고 반응도 없습니다. 한 번은 실수라고 생각하지만, 계속 불렀는데도 안 돌아보면 사람들은 대부분 기분이 상해 돌아섭니다. 내가 뭐가 아쉬워서 계속 매달려? 이런 생각이 들기 때문이지요. 하지만 정말 이렇게 생각하는 게 맞을까요?

앞서 말했듯이 과학의 기본은 '모름을 인정하는 것'입니다. 모름을 인정하고 나면 지금 내가 생각하고 있는 것이 맞는지 확인하는 과정이 필요하겠지요. 사실 이 상황에서 문제는 갑돌이가 아니라 나입니다. 상황을 가만히 보세요. 나는 갑돌이의 뒷모습만 보았기 때문에 갑돌이가 나를 어떻게 생각하는지 알 수 없습니다. 갑돌이의 마음은 갑돌이만 알 테니까요. 그런데 우리는 마치 갑돌이의 마음을 아는 것처럼 생각합니다. 쟤가 날 무시하나봐, 청력이 나쁜가, 아니면 쟤가 딴 생각을 하는 건가…… 하고 말이지요. 이 중 어떤 게 진짜 이유인지 우리는 알지 못합니다. 직접 가서 확인해보기 전까지는 말이에요. 게다가 애초에 내가 부른 사람이 갑돌이 본인인지 아닌지도 모릅니다. 난 앞서가는 사람의 뒤통수만 보았기 때문에, 갑돌이와 뒷

모습이 비슷한 사람을 잘못 봤을 가능성도 얼마든지 있습니다. 이름을 아무리 불러도 대답하지 않았던 건, 어쩌면 그 사람이 갑돌이가 아니어서일 수도 있습니다. 그러니 잠시 억울한 마음은 눌러두고 가설을 세워보도록 하지요.

A. 갑돌이가 아니라서 대답하지 않았다.
B. 갑돌이가 맞지만 대답하지 않았다.

두 가설 중에 어느 것이 옳을까요? 생각에 생각을 거듭한다고 어느 것이 옳은지 판명나지는 않습니다. 어떤 생각이 맞는지를 뒷받침하는 건 또 다른 생각이 아니라 실질적인 증거니까요. 이 경우에는 그다지 어렵지 않습니다. 걸음을 좀 더 재촉해 그 사람을 앞질러 확인해보면 됩니다. 혹시나 상대가 갑돌이가 아닐 가능성도 있으니 다짜고짜 뒤통수를 치는 행동은 삼가시기 바랍니다. 슬쩍 눈길을 마주치는 것만으로도 충분합니다.

일단 얼굴을 확인하면, 내가 세운 가설 A와 B 가운데 어떤 것이 옳은지 증명해줄 증거가 확보되는 셈입니다. 만약 A가 맞으면, 즉 갑돌이가 아니라면 재빨리 숨겨둔 연기력을 발휘해 아무 일 없다는 듯이 지나치시고요. B가 맞다면 갑돌이가 대답하지 않은 이유를 다시 확인해봐야 합니다. 다시 말해, B 가설인 '갑돌이가 맞지만 대답하지 않았다'에 대한 이유로 다시 가설을 세울 수 있다는 것이지요.

어느 것이 맞는지는 얼굴을 확인한 상태에서 다시 불러보면 됩니다. ⓐ의 경우, 예컨대 갑돌이가 중이염에 걸렸거나 이어폰으로 음악을 듣고 있었거나 주변이 너무 시끄러워서 내 말을 못 들었다면, 내 얼굴을 보고 긍정적인 반응을 보이겠지요. ⓑ일 때라도 너무 실망하지 마세요. 갑돌이는 이름을 들었지만, 그게 자신일 거라고 생각하지 못해서, 혹은 잘못 들었나 싶어서 반응하지 않았을 수도 있거든요. 하지만 이런 단순 실수가 아니라면 이유가 있겠지요. 그건 표정이나 행동으로 나타날 겁니다. 나를 보고도 반가운 표정을 짓지 않거나 당황하는 모습을 보일 테지요. 하지만 갑돌이가 나를 무시하는 ⓑ의 상황이 증명되었다고 하더라도, 그게 꼭 내 탓이 아닐 수도 있습니다.

그런데 이걸 증명할 수 있는 방법은 뭘까요? 갑돌이에게 직접 물어볼 수도 있고, 간접적인 증거를 통해 추론할 수도 있습니다. 후자는 갑돌이가 다른 친구들에게 어떻게 하는지 보는 거예요. 다른 친구들에게도 똑같이 시큰둥하다면 그건 갑돌이가 오늘 기분이 나쁘기 때문일 테니 당분간은 그냥 내버려두는 게 좋겠고요. 다른 친구들에게는 평소와 다름없는데 유독 나한테만 그런다면, 이제는 그 이유를 직접 물어봐야 하는 때가 온 겁니다. 과학자의 연구 방식도 이와 비슷합니다. 과학자는 뭔가 이상하다는 생각이 들면 일단 의심이 생긴 이유를 돌아보고, 이 가설이 맞는지 실재적 증거를 통해 확인합니다. 이것이 직감만 믿고 행동하는 것보다 실수를 줄일 수 있는 방법이라는 사실을 알고 있기 때문입니다.

 ## 과학적 사고에서는 논리적 증거가 중요하다

과학적 사고에서 중요한 점은 가설이 아무리 그럴 듯해도 논리적 증거가 가설을 뒷받침했을 때 비로소 의미를 가진다는 것입니다. 과학자는 지금의 상황을 설명할 수 있는 논리적 가설을 생각해내고 증거를 통해 이를 증명하는 방식으로 자신의 생각이 옳음을 주장합니다. 증거는 가능하면 물질적이고 객관적이며 보편적인 것이 좋습니다. 비물질적이고 주관적이며 특수한 증거는 반복되지 않거나 인과성을 증명하기가 어렵기 때문입니다. 다시 말해, 재현되지 않으면 증거로서의 가치는 떨어집니다.

이런 증거 위주의 사고방식은 과학자의 실험실에서는 물론이거니와 용의자의 범죄 사실을 증명하는 법정에서도 두드러지게 나타납니다. 대부분의 문명사회에서는 잘못을 저지른 사람에 대한 처벌이 법정에서 이루어집니다. 나에게 피해를 입힌 사람을 붙잡았다고 해도 내가 마음대로 복수할 수 있는 것이 아니라, 일단 그 사람을 법정에 넘기고 법의 테두리 안에서 죄를 묻고 벌을 주는 것이지요. 이런 경우 용의자의 죄를 증명할 만한 증거를 제시하는 것이 매우 중요합니다.

과거에는 죄인의 자백을 중시했지만, 자백이라는 것은 강압적인 상황에서는 거짓으로 나올 수도 있겠지요. 그래서 현대 법정, 특히 형사재판에서는 증거재판주의(證據裁判主義) 원칙에 의거해 반드시 증거능력(證據能力)을 가진 증거에 의해서만 사실을 인정하는 추세입니다. 물론 용의자의 자백은 여전히 인정하지만, 이 자백은 고문이나 강압, 협박에 의한 것이 아니었을 때만 인정됩니다. 설령 용의자가 자발적으로 자백을 하더라도 이를 뒷받침할 만한 증거가 없다면 사건은 증거 불충분으로 기각될 수도 있습니다. 그러다 보니 현대 법정의 형사재판에서는 알리바이 부재 증명, 문서 및 녹음 자료, CCTV를 비롯한 영상 자료, 혈흔과 DNA를 비롯한 법의학적 자료 등 객관적인 물증이 매우 중요하게 작용합니다. 과학수사팀이 따로 있어 범죄 해결 및 범인 지목에 큰 영향을 주기도 하고요.

이런 증거들의 특징은 '확실하다'는 것입니다. 또는 확실하다고 합의된 것입니다. 목격자는 착각하거나 잘못 해석할 수도 있고 자백은 거짓이 섞일 수도 있습니다. 동일한 상황에서도 목격자에 따라 증거능력이 달라지거나(예를 들어, 목격자가 어린아이거나 외국인이어서 언어를 알아듣지 못하는 경우 등) 누가 어떤 방법으로 심문하느냐에 따라 자백의 내용이 달라질 수도 있습니다. 하지만 지문이나 유전자 증거는 개인마다 고유하기 때문에 제대로 된 과정만 따른다면 검사하는 사람과 상관없이 동일한 결과가 나올 것이라고 여깁니다. 최근에는 과학기술이 발달해 예전에는 검출할 수 없었던 미세한 증거까지 검증이 가능해져 사람들의 관심을 받고 있습니다. 법의학 드라마 〈CSI〉 시리즈는 과학기술을 바탕으로 움직일 수 없는 증거를 가지고 얕은 수를 쓰는 범죄자를 옴짝달싹 못 하도록 옭아매는 통쾌함이 있었지요. 고개를 끄덕이며 〈CSI〉 시리즈의 에피소드를 시청하셨다면, 여러분은 과학적 사고방식의 두 번째 특성인 논리성이 바탕이 되는 실재적 증거의 중요성을 이미 알고 계신 겁니다.

03

동물을 죽인 범인은 누구인가?
– 합리적 추론

 합리적 추론이 억울한 사람을 구하다

1903년, 영국 그레이트 월리 지역의 농장에서는 이해할 수 없는 사건이 연달아 일어나고 있었습니다. 양, 말, 소 할 것 없이 사람들이 키우던 가축이 한 마리씩 죽어나갔습니다. 들짐승의 습격이나 돌림병 때문이 아니라, 누군가 가축의 위장 근처에 일부러 낸 날카로운 자상(刺傷) 때문이었지요. 상당히 큰 상처지만 치명상은 아니어서 가축들은 서서히 피를 흘리며 고통스럽게 죽어갔고, 그래서 사람들은 더욱더 분노했습니다. 누가 이 말 못하는 동물들을 이렇게 고문하듯 죽인 걸까요?

수사를 맡은 지역 경찰은 열여섯 건의 가축 살해 사건 가운데 한

건의 범인으로 조지 에달지를 검거합니다. 에달지의 집 근처에서 비슷한 방식으로 죽은 조랑말이 발견되었는데, 그의 집에서 찾은 피 묻은 면도칼이 그 증거였지요. 하지만 집 근처에서 발견된 조랑말은 단 한 마리뿐인 데다, 면도칼에 묻었다는 핏자국도 진짜 피인지 녹이 슬어 얼룩진 자국인지 확실치 않았어요. 게다가 에달지는 이러한 범죄와는 거리가 먼 청년이었습니다. 마을 목사의 아들일 뿐 아니라 본인도 전도유망한 젊은 변호사였거든요. 그런데 이 사건을 빨리 마무리 짓고 싶었는지, 아니면 에달지가 영국인과 인도인의 혼혈이었기 때문인지, 아무튼 석연치 않은 이유로 법원은 에달지에게 유죄를 선고했습니다. 에달지는 하루아침에 범죄자 신세가 되었습니다. 에달지 본인은 물론이거니와 가족들도 나서서 억울함을 호소했습니다. 심지어 에달지가 구속된 뒤에도 비슷한 범죄가 계속 발생했지만, 에달지는 7년 형을 받고 감옥에 갇힙니다. 에달지는 그야말로 미칠 노릇이었겠지요. 억울한 에달지의 인생에 한 줄기 서광이 비친건 그로부터 3년이나 지난 뒤였습니다.

1906년, 정의감에 불타는 어느 의사가 우연히 에달지의 사연을 듣고 그를 만나러 갑니다. 그러고는 에달지가 결코 범인일 수 없다고 결론을 내립니다. 직접 만나본 에달지는 성실하고 상냥한 청년이었습니다. 그런데 의사의 마음을 움직인 결정적인 계기는 심리적인 게 아니라 물리적인 증거였습니다. 에달지는 의사가 가까이 다가가도 얼굴을 제대로 알아보지 못할 정도로 시력이 지독하게 나빴습니다. 그래서 의사는 다음과 같이 결론을 내립니다. '이 남자는 눈이 매우 나쁘다. 이렇게 시력이 좋지 않은 남자가 빛도 없는 캄캄한 밤에, 이미 앞선 사건들 때문에 경찰의 감시망이 펼쳐진 상태에서 농장에 몰래 숨어들어 동물들의 위장에 정확히 자상을 내는 건 불가능하다. 그의 신체적 결함이 결백을 증명하는 증거다.' 그 의사는 에달지의 나쁜 시력을 증거로 삼아 결백 청원에 힘을 실어주었고, 결국 법정은 자신들이 내린 결정을 번복하고 에달지를 풀어줍니다. 이 의사의 활동은 1907년, 불공정하다고 여겨지는 판결에 이의를 제기할 수 있는 형사항소법원의 설립으로 이어집니다. 의사의 이름은 바로 아서 코난 도일입니다. 명탐정의 대명사인 셜록 홈스를 창조해낸 인물이지요.*

에달지를 구원한 것은 도일의 합리적인 추론에 의한 논리적인 생각법이었습니다. 논리(論理)란 '사고나 추리 따위를 이치에 맞게 이끌어가는 과정이나 원리를 가진 성질'을 말합니다. 그러니까 '이치에 맞다' '모순이 없다' '앞뒤가 맞다'라는 말은 모두 논리성과 관련되어 있습니다. 과학자는 현상에 대한 논리적 설명을 찾으려는 경향이 강합니다. 사실 누구나 어떤 현상

* 이 이야기는 마리아 코니코바의 『생각의 재구성』(박인균 옮김, 청림출판, 2013)에 자세히 수록되어 있습니다. 안타깝게도 종이책은 절판되었지만 전자책으로는 읽을 수 있습니다. 생각하는 방식, 특히 '과학적으로' 생각하는 방식에 많은 도움을 얻을 수 있는 책입니다.

에 대해 합리적인 설명을 바랍니다. 과학적 논리성이란 보편적 증거를 바탕으로 증명된 논리적 규칙을 말합니다.

 ## 과학, 논리적 이유를 추론하다

좀 더 예를 들어볼까요? 세상에는 각양각색의 동물이 있지만, 그중 상당수의 동물은 가능하면 스스로를 숨기려고 합니다. 이유는 간단합니다. 그 동물이 천적이든 먹잇감이든 상대의 눈에 덜 띄어야 생존 가능성이 높아지기 때문입니다. 몸의 색깔뿐 아니라, 무늬, 모양, 질감까지 배경과 비슷하게 맞춰 마치 원래 거기에 존재한듯 살아갑니다. 이런 몸의 색깔을 '보호색'이라고 하는데요. 보호색은 동물의 생존에 도움이 됩니다. 19세기 중엽, 영국 맨체스터 지방에는 흰 나방과 검은 나방, 이렇게 색이 다른 두 종류의 나방이 살았습니다. 처음에는 흰 나방의 수가 검은 나방보다 월등히 많았어요. 당시 맨체스터 지방에는 자작나무가 많았는데, 자작나무

• 흰 껍질을 가진 자작나무.

의 껍질은 흰색입니다. 그래서 자작나무에 앉아 있을 때 상대적으로 눈에 더 잘 띄는 검은 나방은 새들에게 많이 잡아먹혔습니다.

하지만 세월이 지나면서 상황이 바뀝니다. 산업혁명이 일어나 맨체스터에 공장이 줄줄이 세워졌고, 공장에서 나온 시커먼 매연과 오염 물질이 달라붙어 나무껍질이 검게 변색되었어요. 그러자 흰 나방이 더 눈에 잘 띄어 새들의 먹잇감이 되는 비율이 늘어났고, 대신 검은 나방의 수가 서서히 늘어나기 시작합니다. 이는 마치 보이지 않는 자연의 손이 생존에 유리한 종을 선택한다는 '자연선택'이라는 개념을 설명하는 좋은 예시입니다. 이처럼 대부분의 동물은 자연 속에서 보호색 전략을 이용해 주변과 몸을 비슷하게 꾸미며 살아갑니다. 물론 꼭 그렇지 않은 동물도 있습니다.

자연에는 눈에 띄는 선명한 색으로 자신을 치장하는 동물도 드물지 않습니다. 선명한 색과 커다란 무늬로 어떻게든 자신을 드러내는데, 그것은 자신에게 치명적인 무기가 있다는 것을 알리는 신호가 됩니다. 이런 선명한 색과 무늬를 지닌 개체에 독이 있다면 천적들이 더 쉽게 기억해 기피할 테니까요. 한쪽은 어떻게

• 선명한 색으로 치장한 독화살개구리.

든 자신을 감추려 하고 한쪽은 어떻게든 자신을 드러내려 하지만, 그 이유는 같습니다. 생존에 도움이 되기 때문입니다. 이를 '경계색 전략'이라고 하지요.

물론 얼핏 봐서는 알 수 없는 속성도 있습니다. 얼룩말의 무늬가 대표적입니다. 얼룩말의 검고 흰 줄무늬는 주변 환경과 전혀 어울리지 않지만, 그렇다고 얼룩말이 독이 있거나 포식자에 대항할 만한 다른 무기를 가지고 있는 것도 아닙니다. 왜 하필 얼룩말은 요란한 무늬를 가지고 살아남은 것일까요? 얼룩말의 무늬는 얼룩말이 서구에 처음 알려진 뒤 150년간이나 생물학자들을 괴롭히는 문제였습니다. 자연선택 이론의 공동 발견자 월리스는 "얼룩말이 물 먹으러 가는 어스름에 얼룩무늬가 위장 효과를 낸다"고 주장했지만, 다윈은 "눈에 잘 띌 뿐"이라며 그 주장을 일축하기도 했습니다. 이 밖에도 "얼룩무늬가 햇빛을 반사해 피부를 시원하게 한다"는 등 열여덟 가지나 되는 가설이 제시될 정도였죠.

이 문제에 대한 가장 그럴듯한 설명은 '얼룩말의 진짜 천적이 누구냐?'라는 근본적인 질문을 다시 살펴보는 과정에서 좀 더 분명해졌습니다. 사실 동물의 보호색이나 경계색은 천적을 피하거나 위협하는 등 생존에 유리한 속성이기 때문에 자연선택된 결과입니다. 좀 더 무게감이 실리는 주장은 아무래도 천적을 피하는 용도라는 것입니다. 한 끼 정도는 굶어도 생존에 큰 지장이 없지만, 천적에게는 단 한 번 잘못 걸려도 목숨을 잃을 수 있으니까요. 그러므로 이 문제를

• 요란한 검고 흰 얼룩무늬를 가지고 있는 얼룩말.

따져보기 전에 먼저 생각해야 할 점은 얼룩말의 진짜 천적이 누구냐 하는 것입니다.

이런 관점에서 현재 가장 그럴 듯한 가설은 '해충 가설'입니다. 헝가리 로란드 대학 가보르 호르바트 교수와 스웨덴 룬드 대학의 수산 오케손 교수는 표면을 각각 흰색, 갈색, 검은색, 얼룩무늬로 칠한 말 모형을 야외에 가져다놓았더니 흰색과 얼룩무늬에 가장 적은 해충이 달라붙었다는 실험 결과를 발표했습니다. 해충은 치명적인 전염성 질환의 매개자이므로 개체의 생존에 충분히 위협적입니다. 실제로 제2차 세계대전 때 위생 상태가 열악한 수용소에 수감된 사람들의 사망 원인으로 흡혈 곤충인 이가 옮기는 발진티푸스가 매우 높은 비율을 차지했을 정도입니다. 자연 상태에서도 해충의 눈을 속이는 건 매우 중요한 생존의 조건이고, 따라서 얼룩무늬가 생긴 원인으로 지목되는 것도 매우 그럴 듯합니다. 이 관점으로 본다면 얼룩말의 얼룩무늬는 보호색입니다. 물론 얼룩말에게 직접 물어볼 순 없으니 다른 이유가 있을 수도 있겠지만, 여기서 주목해야 할 점은 현상이나 상황에 대한 논리적 이유를 추론해보는 사고방식입니다.

04

누워서 밥을 먹으면 소가 될까?
- 인과성

 ## 과학적 사고에서 가장 독특한 특징

'어린이는 과학자로 태어난다'는 말이 있습니다. 어린이의 무한한 가능성을 추켜세우기 위한 말처럼 들리지만, 실제로 아이를 키우다보면 아이가 무심코 보여주는 논리성에 깜짝 놀랄 때가 있답니다.

유치원으로 아이를 데리러 간 날, 신발을 채 갈아 신기도 전부터 아이는 오늘 있었던 일들을 종알종알 이야기합니다. 그러면서 오늘은 '소가 된 게으름뱅이'라는 옛날이야기를 들었다고 합니다. 선생님이 이야기 속 주인공처럼 게으르게 누워서 먹는 사람은 소가 될 수도 있다고 말했답니다. 배운 게 있으면 바로 써먹는 게 아이의 특성이지요. 집에 오니 할아버지가 커피와 과일을 앞에 두고 소파에 누위 있었습니다. 아이는 할아버지에게 쪼르르 달려가더니 이렇게 말하더군요.

"할아버지, 누워서 먹으면 소가 된대요. 앉아서 먹어야 인간이 돼요. 얼른 일어나세요."

'사람'도 아니고 '인간'이라는 단어를 쓰다니. 손녀딸의 당돌하지만 귀여운 명령에 할아버지는 너털웃음을 터트리더니 갑자기 벌떡 일어섰습니다.

"그럼 이렇게 서서 먹으면 어떻게 되는데?"

잠시 생각하던 아이는 다시 대답했습니다.

"서서 먹으면 흘리지요, 뭐!"

누워서 먹는다고 소가 될 리는 없겠지만, 서서 먹으면 매우 높은 확률로 음식을 흘릴 겁니다. 아이는 꽤 정확하게 결과를 추론했던 것이지요. 이처럼 무언가가 원인이 되어서 결과를 이끌어내는 것을 '인과성'이라고 합니다. 이 방식은 추리소설에서 매우 흔하게 등장하는 구성입니다. 남아 있는 증거, 다시 말해 결과의 원인이 될 만한 것들을 논리적으로 추론한 뒤 불가능한 것을 순차적으로 제거해나가면 마지막으로 남는 것이 진짜 원인(추리소설에서는 '범인')이 됩니다.

과학적 사고의 가장 독특한 특징으로 인과성을 꼽을 수 있습니다. 과학적 사고는 기본적으로 '원인으로부터 논리적으로 도출될 수 있는 결론'을 찾아내는 과정입니다. 따라서 아무리 그럴듯해 보여도 인과성을 찾을 수 없다면 그건 거짓이고, 반대로 말이 안 되는 것처럼 보여도 원인과 결과가 분명하면 참이 되는 것이지요.

 ## 혈액형이 성격을 결정한다?

우리는 일상에서 인과적 패턴을 흔히 사용합니다. 그중 하나가 혈액형 성격학이라는 것입니다. 흔히 A형은 소심하고, B형은 자기중심적이며, O형은 발이 넓고, AB형은 독특하다는 말이 널리 퍼져 있습니다. 사실 혈액형 이야기를 들으면 '에이 거짓말, 그런 게 어디 있어?' 하다가도 어떤 때는 '정말 어쩌면 이렇게 딱 맞지?' 하는 내용도 있어서 혹하기도 합니다. 그렇다면 혈액형은 무엇이고 우리의 삶에 과연 어떤 영향을 미치고 있을까요?

혈액과 인간 생명의 상관성은 아주 오래전부터 알려져 있었습니다. 옛날 사람들도 피를 많이 흘리면 생명이 위험하다는 것을 경험으로 알고 있었으니까요. 그래서 많은 문화권에서 피를 '생명의 원천'으로 보고 매우 귀하게 여겼습니다. 예부터 우리나라에서는 중병에 걸려 위독한 부모에게 손가락을 잘라 더운 피를 내어 먹이는 단지(斷指) 풍습이 있었습니다. 사람의 피에 생명력이 담겨 있다는 믿음 때문이었지요. 한편 서양에는 흡혈귀 전설이 내려오는데, 사람의 피를 먹는 뱀파이어는 영원히 늙지도 죽지도 않는다는 이야기입니다.

그런데 흥미롭게도 생명력의 원천으로 여기는 피를 먹거나 마셔

서 건강해지고 젊어진다는 전설은 많지만, 피를 직접 혈관 속에 넣는다는 이야기는 거의 없습니다. 피는 혈관 속에서 흐르니까 이왕이면 혈관에 넣어주는 게 더 좋을 텐데 말이에요. 아마 현실적인 장애 때문에 힘들었을 것이라는 생각이 듭니다. 적절한 의학적 처치를 못 하는 경우, 피를 직접 혈관에 넣어주는 것은 생각보다 까다롭습니다. 혈액은 공기 중에 노출되면 굳는 성질이 있어서 일단 뽑고 나면 고체화되어 다시 혈관으로 밀어 넣기가 어렵습니다. 이는 혈액이 공기에 노출되기 전에 수여자와 공여자의 혈관을 직접 연결해 수혈하면 어느 정도 해결됩니다. 그러나 무작위적인 수혈은 결과를 예측할 수 없다는 치명적인 단점이 있습니다. 어떤 경우에는 수혈로 사람을 살릴 수 있지만, 또 다른 경우 오히려 심각한 부작용을 일으켜 더욱 고통스러운 죽음을 가져올 수도 있거든요. 이런 문제로 수혈은 의학적 단순성(피를 많이 흘리면 죽는다. 따라서 피를 넣어주면 살 수 있을 것이다)에도 불구하고 20세기까지 거의 이루어지지 않은 치료법이었습니다.

　그러다가 20세기 초, 오스트리아의 병리학자인 카를 란트슈타이너가 수혈 시 이상 반응이 나타나는 것은 사람마다 다른 타입의 혈액을 가지고 있기 때문이라고 가정했습니다. 이런 가정하에 연구한 끝에 ABO식 혈액형의 존재를 알아냅니다. 훗날 밝혀진 바에 따르면, ABO식 혈액형이 존재하는 이유는 적혈구에 붙은 두 가지 당단백질 때문입니다. 이 당단백질은 적혈구에 표식을 나타내는 역할을 합니다. 두 종류여서 각각 A와 B라는 이름을 붙여주었는데, 개인의 유전적 특성에 따라 다양한 방식으로 존재합니다. 다시 말해, 적혈구가 표면에 A라는 표지를 하나 또는 두 개 가지고 있으면 A형이 되고, B를 하나 또는 두 개 가지고 있으면 B형이 됩니다. A와 B를 둘 다 가지고 있으면 AB형이고, 둘 다 가지고 있지 않으면 아무것도 없으니 숫자 0과 비슷한 O형이 되는 것이지요. 결국 혈액형은 적혈구에 붙은 당단백질, 즉 일종의 인식표의 차이로 나타나는 것입니다. 인식표가 달라지면 면역계가 반응해 문제를 일으킬 수 있기 때문에 수혈 시에는 반드시 혈액형을 확인해야 합니다.

하지만 이것은 단지 이름표인 데다가 하나만 있어도(A형, B형), 둘 다 있어도(AB형), 둘 다 없어도(O형) 사는 데는 별 지장이 없으니, 뇌의 구조나 상황에 영향을 받는 성격이나 심리와는 별다른 연관성이 없어 보입니다. 게다가 적혈구에는 A와 B 외에도 400종류 이상의 인식표가 존재하는데, 대부분의 혈액형 성격학에서는 이런 점은 쏙 빠져 있지요. 대표적인 것이 Rh+/- 혈액형입니다. 혈액형은 Rh+와 Rh-로도 나뉘지만, 이 사이에 어떤 차이가 나타난다는 말은 들어본 적이 없습니다. 어쨌든 일상에서 말하는 혈액형이 '다르다'는 것은 엄밀하게 따지자면, 내 적혈구에 붙어 있는 수백여 가지 인식표 중에서 두 가지가 다르다는 것입니다. 이 두 가지 당단백질이 있는지 없는지에 따라 성격이 바뀐다는 게 말이 될까요?

이처럼 혈액형과 성격의 연관성은 조금만 생각해봐도 말이 되지 않습니다. 그럼에도 우리가 혈액형과 성격이 연관되어 있다고 믿는 이유는 무엇일까요? 실제로 한국 갤럽에서 우리나라 성인 남녀를 대상으로 조사한 '혈액형별 성격 차이에 대한 인식(2017)'에 따르면, 2017년 우리나라 성인의 약 58%가 혈액형이 성격에 영향을 미친다고 답했습니다. 2012년의 동일한 조사에서 답한 67%보다는 상당히 떨어졌지만, 여전히 절반이 넘는 사람들이 혈액형과 성격을 연관지어 생각한다는 걸 알 수 있습니다.

현실에서 일어나는 사건이나 상황은 얼핏 봐서는 실험실이나 소설에서 의도한 것처럼 숨은 관계성이나 연관성을 알기가 어렵습니다. 그런데 비슷한 일이 계속해서 반복되면 마치 둘 사이에 연관성이 있는 것처럼 느껴지기도 합니다. 예를 들어 징크스(Jinx) 같은 것이 있습니다. 징크스란 재수 없고 불길한 일에 대한 심리적 믿음을 말합니다. 까마귀가 울면 누군가 죽을 징조라든지, 거울이 깨지면 불길한 일이 일어난다든지 하는 징크스는 거의 전설처럼 회자되어왔지요. 징크스는 개인마다 다양하게 나타나기도 합니다. 시험 전날에는 머리를 감지 않는다든지, 양말은 꼭 오른쪽부터 신어야 한다든지 하는 사소한 규칙들 말이지요. 사실 징크스의 대부분은 그렇다고 믿는 것일 뿐, 인과 관계나 합리적인 근거는 전혀 없습니다. 그럼에도 징크스가 점점 증폭되면 이걸 원인으로 규정해버립니다. 우연한 사건이 '믿음' 때문에 인과관계처럼 받아들여지는 것입니다.

혈액형별 성격 분류도 마찬가지입니다. 인간의 성격은 다양하지만, 크게 두 가지로 분류할 수도 있습니다. 소심한 편이거나 대범한 편이거나. 혈액형별 성격 분류에서 A형은 소심하다고 보고 O형은 대범하다고 여깁니다. 그런데 우리나라의 혈액형 분포를 보면, A형과 O형이 가장 많아 전 인구의 3분의 2에 달합니다. 그래서 경우의 수에 따라 A형이면서 소심한 사람, O형이면서 대범한 사람들이 많이 나올 수밖에 없습니다. 하지만 어디까지나 우연이기 때문에, 이 우연과는 다른 결과, 즉 A형이지만 대범하거나 O형이지만 소심한 사람의 비율도 만만치 않게 높게 나오지요. 하지만 혈액형과 성격이 연관되어 있다고 굳게 믿는 사람들은 이 믿음을 강화하는 증거만 눈여겨보고 그에 반하는 증거는 무시하는 경향이 있어 편견은 더욱 고착되고 맙니다.

인과성은 말 그대로 원인과 결과의 관계를 말합니다. 다시 말해 X가 원인이 되어 Y라는 결과가 나왔다면, X를 변화시켜 Y의 변화를 유도할 수 있을 겁니다. 하지만 둘 사이에 관계가 없다면, X가 변화한다고 Y도 변화할 거라는 생각은 할 수 없습니다. 다시 말해 혈액형이 성격의 원인이라면, 혈액형이 바뀔 때 성격도 바뀌어야 합니다. 혈액을 만드는 기관인 골수를 이식할 때, 수여자의 병든 골수를 모조리 파괴하고 공여자의 건강한 골수를 채워 넣습니다. 가끔씩 수여자와 공여자의 혈액형이 다른 경우 이 과정을 거치며 환자의 혈액형이 바뀔 수도 있습니다. 하지만 성격이 바뀌지는 않습니다. 실제로 저명한 천문학자 칼 세이건은 여동생의 골수를 이식받은 뒤, 성격이

변하는지 면밀히 관찰했는데 (당연하게도) 전혀 변하지 않았다고 말하기도 했지요.

인과성은 원인과 결과 사이의 논리적 연관성을 추론하는 합리적 사고방식을 바탕으로 생겨납니다. 합리적 규칙이 통하는 세상에서는 징크스가 발붙일 자리는 없습니다. 징크스는 인과적 관계가 아니라 지극히 주관적인 믿음일 뿐이니까요. 하지만 매우 합리적인 학문인 과학이 고도로 발달한 현대 사회에서도 여전히 징크스나 우연한 사건이 중요한 요소처럼 받아들여지는 경우가 많지요. 문제는 이것이 개인적인 수준에서만 그치지 않는다는 점입니다. 우연성과 인과성을 구분하지 않는 사람들이 많은 사회에서는 근거 없는 유언비어와 헛소문이 진실처럼 퍼지기 쉽습니다. 소문의 출처나 사실 여부를 묻지도 따지지도 않고 믿는 사회는 건강한 사회일 수 없습니다. 악의적인 유언비어나 근거 없는 헛소문에 현혹되지 않기 위해서라도 사건의 인과성을 추론해보는 연습이 필요합니다. 까마귀가 날면 배가 떨어질 수는 있지요. 하지만 배가 떨어진다고 무작정 까마귀를 욕하기보다 누가 나무를 흔들었는지를 먼저 살펴봅시다.

05

나의 다이어트 비법이
너에게 통하지 않는 이유는?
- 경험적 증거의 보편성

 누구에게나 통하는 다이어트 비법이 있을까?

20대 시절에는 대부분의 사람들이 그렇듯 저도 날씬했습니다. 먹고 싶은 대로 먹어도 워낙 활동량이 많아서였는지 젊어서 그랬는지, 체중이 그다지 늘지 않았습니다. 몸무게가 늘어도 약간만 관리하면 1~2주 뒤 원래대로 돌아갔기에 몸무게는 그리 신경 쓰지 않고 살았습니다. 그런데 30대를 지나 40대로 접어들고, 아이 셋을 낳고 나니 저도 모르게 슬금슬금 살이 붙기 시작했지요. 급기야는 인생 최대 몸무게를 찍고 말았습니다. 아이만 낳고 나면 다시 입을 수 있겠지, 하고 옷장 속에 넣어둔 옷들은 죄다 터질 것 같아서 새로 장만해야 했습니다. 우연히 찍힌 사진 속 저는 생각하던 그 모습이 아니었고,

사진 찍히는 것을 점점 피하기 시작했습니다.

하지만 이때까지만 해도 이상한 자신감이 있었습니다. 예전에 날씬했으니 조금만 노력하면 원래대로 돌아갈 수 있다는 자만심 같은 것 말이지요. 그런데 생각보다 쉽지 않았습니다. 신경 써서 2~3kg을 감량해도 며칠만 방심하면 되돌아가거나 오히려 더 늘어나는 일이 반복되다 보니, 어느 순간부터는 포기하게 되더라고요. 조금만 걸어도 숨이 차고 무릎과 발목이 아파 오래 걷기가 힘들어지면서 본격적인 다이어트가 필요하다고 생각했습니다. 당장 '다이어트'를 키워드로 넣고 인터넷 검색을 시작했지요. 제 앞에는 그동안 상상하지 못했던 정보의 홍수가 쏟아지기 시작했습니다.

세상 모든 사람이 살을 빼는 데 몰두한다는 생각이 들 정도로, 인터넷에는 다이어트에 대한 정보가 차고 넘쳤습니다. 수많은 정보(또는 광고)마다 체험 수기가 붙어 있었지요. 수기들을 보고 있노라면 세상에는 빼지 못할 살이 없을 것만 같았습니다. 그리고 무엇에 홀렸는지 저도 모르게 하나를 클릭해 주문하고 말았지요. 결과는 어땠을까요? 여러분이 생각하는 대로 별다른 효과가 없었습니다. 문득 잊고 있던 옛 경험이 떠올랐습니다.

제가 제약 회사 연구원으로 일하던 시절 이야기입니다. 당시 연구소에 신약 개발을 위해 다양한 화학물질을 합성해 실험용 생쥐에게 투여하는 팀이 있었습니다. 그런데 어느 날 이 팀이 흥미로운 사실을 발견합니다. 특정 성분을 주입한 생쥐가 눈에 띄게 살이 빠지는 모습이 관찰된 것이지요. 원래는 이런 용도로 개발된 성분이 아니었지만, 호기심이 생겨 다른 쥐에게도 이 성분을 주사했고 역시 살이 빠졌습니다. 쥐들은 모두 살만 빠졌을 뿐, 보통 체중 감량제의 부작용인 변비나 설사, 불안감, 심장 박동의 변화는 별로 나타나지 않았습니다. 프로젝트를 진행하던 사람들의 관심은 순식간에 미지의 물질(편의상 '다이어트 X'라고 부를게요)인 다이어트 X로 쏠렸습니다.

다이어트 X의 초기 효과 검증 과정은 놀라웠습니다. 이 물질은 여러 마리의 생쥐에게 주사해도 거의 예외 없이 체중 감량 효과를 보였습니다. 그리고 주사제를 중지하면 체중은 원래대로 되돌아왔습니다. 주사를 맞을 때만 살이 빠지고, 중단하면 되돌아간다는 건 제약 회사의 입장에서는 매우 유용한 속성입니다. 쓸데없이 체내에 길게 잔류하지 않아 부작용이 적다는 간접적 증거가 될 수도 있고, 또이 약이 필요한 이들은 지속해서 섭취해야 하니 제약회사의 매출에도 도움이 되니까요. 여하튼 다음 단계에는 주사로 주입하던 다이어트 X의 투여 방식을 경구 투여로 바꾸어보았습니다. 아무리 살이 빠진다 해도 지속적으로 주사를 맞는 건 쉬운 일이 아닐 테니까요. 그런데 아쉽게도 주사로 주입한 다이어트 X는 체중 감량 효과가 놀라울 만큼 좋았지만 입으로 먹으면 아무런 효과가 없었습니다. 이런 약물이 종종 있습니다. 입을 통하면 소화 기관에서 소화되거나 소화 효소에 의해 변성되어 약물의 효과를 잃는 경우 말이지요. 대표적인 예가 질병 예방용으로 쓰이는 백신 제제(製劑)입니다. 대부분의 백신을 여전히 주사로 투여하는 건 이 때문입니다.

실제로 다이어트 X를 경구로 투여한 생쥐의 혈액을 검사해보니 이 성분이 전혀 검출되지 않았습니다. 다이어트 X를 입으로 먹으면 전혀 흡수되지 않거나 몽땅 변성되어 효과가 없다는 겁니다. 그렇다면 주사로 투여했을 때의 흡수율이 얼마이기에 놀라운 효과를 보이는 걸까요? 여기서 미스터리가 발생합니다. 다이어트 X를 주사로 투여한 생쥐의 혈액에서도 이 물질의 흔적을 찾을 수 없었어요. 훗날 밝혀낸 바에 따르면, 이 물질은 구조가 지나치게 비활성적이어서 입으로 먹든, 피하로 주사하든, 피부에 바르든 체내에 전혀 흡수되지 않았답니다. 어떻게 전혀 흡수되지 않는 물질이 주사로 투여될 때만 체중 감량 효과를 낳았던 것일까요?

비밀은 오래지 않아 밝혀졌습니다. 사람에게 약물을 주사할 때는 보통 팔뚝이나 엉덩이에 주사하지만, 실험용 생쥐는 목덜미 뒤쪽에 주사합니다. 다이어트 X는 생체에 흡수되지 않는 물질이라 투여한 뒤에도 목덜미 뒤쪽 근육과 피하층에 그대로 고여 있게 됩니다. 이런 물질이 쌓이면 근육이 딱딱하게 굳고 통증이 생깁니다. 누구나 한 번쯤 때아니게 무리한 다음 날, 근육에 젖산이 쌓여 근육통으로 고생한 적이 있을 거예요. 이 물질이 목덜미 뒤쪽에 쌓여 굳게 되니 생쥐는 뭔가를 입에 넣고 씹을 때마다 뭉친 목덜미 근육이 아팠던 것입니다. 그래서 음식을 덜 먹었고, 섭취량이 줄어 살이 빠진 것뿐입니다. 결국 연구소를 기대에 차게 한 이 해프닝은 다이어트의 진리는 '덜 먹는 것'밖에는 없다는 불변의 법칙만 일깨워준 채 일단락 되었지요.

여기까지 생각이 미치니 무엇이든 본질로 돌아가야 한다는 생각이 들었습니다. 헬스클럽을 등록해 일주일에 세 번 이상 운동을 하고, 식단을 기록하면서 먹는 것을 줄이거나 다른 것으로 바꾸기 시작했습니다. 그렇게 석 달을 하고 나니 빠지지 않을 것만 같았던 체중이 서서히 줄기 시작하더니 무려 8kg을 감량했습니다. 역시 몸은 정직하더군요.

우리는 살아가면서 이런저런 충고·조언·광고 등을 접합니다. 인터넷 시대가 열린 뒤로 사람들은 정보의 홍수 속에서 허우적댑니다. 정보가 부족한 것도 난감하지만, 너무 많은 정보 속에서 내게 꼭 필요한 것만 찾아내기도 여간 피곤한 일이 아닙니다. 그래서 이러저런 정보들 사이에서 '내가 직접 경험해봤다'는 식의 체험 수기에 많은 사람의 이목이 끌리게 됩니다. 특히 SNS에 팝업으로 뜨는 광고의 대부분은 '문제가 있다 – 이것저것 해봤는데 안 되더라 – 그런데 이 제품을 썼더니 확실히 효과가 있었다 – 그래서 나는 이것만 쓴다'라는 단순한 구성에다가 재치 있는 말투와 빠른 화면 전환으로 사람들의 시선을 끌어당깁니다. 하지만 이에 혹해 제품을 구입해 사용해도 대부분은 바라던 결과가 나오지 않습니다.

다이어트 제품을 예로 들어볼까요? SNS에는 운동을 하지 않고 식이 조절을 하지 않아도 먹기만 하면 쉽게 살이 빠진다는 온갖 제품 광고가 올라옵니다. 하지만 실제로 먹어보면 압니다. 아무리 좋다는 다이어트 식품을 먹어도 그들이 주장하듯 그렇게 드라마틱한 효과는 잘 나타나지 않는다는 사실을요. 이 광고는 매우 역설적이기도 합니다. 만약 다이어트에 그토록 효과가 좋은 제품이라면 모두 살이 빠질 테고, 그러면 더 이상 다이어트 제품을 찾지 않을 테니 회사는 곧 망할 겁니다. 그러나 다이어트 제품 광고는 벌써 수십 년째 줄기차게 나오고 있으니, 그만큼 확실한 체중 감량 효과가 없다는 증거가 될 수 있습니다. 그럼에도 다이어트 제품에 붙은 광고에는 확실한 효과를 자랑하는 특정 개인이 등장합니다. 이건 도대체 어찌된 일일까요?

 ## 과학적 법칙은 매우 평범하고 당연한 것이다

과학은 경험적 증거를 바탕으로 합니다. 따라서 어떤 규칙이나 패턴이 과학적이라고 주장하기 위해서는 반드시 이를 뒷받침할 만한 경험적이고 물리적인 증거가 필요합니다. 하지만 이 경험적 법칙은 반드시 개인적 일화가 아니라 보편적 경험이어야 합니다. 다시 말해서 과학적 증거란 나만 할 수 있는 특수한 '비법'이 아니라, 누구나 할 수 있는 당연한 '일상'에 가깝다는 말입니다. 어떠한 가설에 대해 증거를 찾는 일은 어렵지 않습니다. 주의를 기울여 관찰하거나 실험

한두 번만 해보면 되니까요.

하지만 과학적인 '법칙'으로 인정받는 건 별개의 문제입니다. 과학적 법칙이 되려면 증거가 단편적이 아니라 반복적이어야 하며, 그렇게 일어나는 과정을 논리적으로 설명할 수 있는 이론적 토대가 바탕이 되어야 합니다. 그래야 다음에도 동일한 상황이 벌어졌을 때 그 법칙 혹은 규칙을 근거로 어떤 일이 일어날지 예측할 수 있습니다. 그래서 개인적 일화는 보편적 경험이라는 수없이 많은 검증을 거치지 않으면, 아무리 뚜렷하고 정확해도 과학적 증거가 될 수 없습니다. 어떤 사람이 특정 다이어트 제품을 먹고 살이 빠질 수 있습니다. 개인마다 체질이 다르고 어떤 물질에 반응하는 정도가 다르니 가능할 수도 있지요. 하지만 이 제품을 먹는 모든 사람이 그렇다고 할 수는 없습니다. 그건 수많은 검증을 거친 뒤에 이 제품이 어떤 논리적 과정으로 지방의 대사를 조절하는지, 용량에 따라 어떤 효과를 가져오는지, 각 사람들의 체질과 민감도를 고려해도 동일한 반응 결과가 나오는지를 모두 테스트해본 뒤에야 비로소 말할 수 있습니다.

이렇게 공식적인 과정을 모두 거치고 난 다음에도 체중 감량에 효과가 있는 물질은 몇 가지 되지 않습니다. 현행법상 이런 제품들은 의사의 처방전이 있어야 구입할 수 있는 '전문의약품'으로 구분되기 때문에 쇼핑몰에서 쉽게 구매할 수 없습니다. 애초에 의약품과 기능성 식품의 구분 기준은 효능의 정도 차이입니다. 다시 말해 어떤 기대 효과에 대해 구체적이고 확실한 기능을 하면 '의약품'으로, 보조

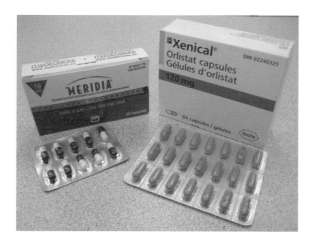

• 시중에서 판매되는
다이어트 제품들.

적 효과가 있거나 이런 효과를 줄 가능성이 있으면 '기능성 식품'으
로 구분합니다. 다이어트의 목적은 체중 감량이지요. 따라서 체중 감
량에 확실한 효과가 있는 제품, 예컨대 올리스탯(Orlistat) 같은 제품
은 의약품으로 구분돼 의사의 처방전이 있어야 구입할 수 있습니다.
올리스탯은 우리가 먹는 음식 속 지방 성분과 결합해 그대로 배출되
는 제품입니다. 올리스탯을 섭취하면 칼로리가 제일 높은 지방 상당
수가 몸 밖으로 배출되니 약 10~15% 정도(섭취한 음식 속 지방 함량에
따라 달라집니다)의 칼로리를 덜 먹는 효과가 있어 체중이 감량됩니
다.

　이에 반해 체중 감량에 보조적으로 도움이 되거나 보조적 도움이
될 가능성이 있는 제품, 가령 인도 열대 과일인 가르시니아 캄보지
아에서 추출된 성분이 있습니다. 가르시니아는 체내에 열량이 흡수

되는 것 자체는 막지 못하지만, 과잉 열량이 지방으로 축적되는 과정을 일부 방해하는 것으로 알려져 있습니다. 지방이 더 쌓이는 것은 막을 수 있지만, 기존의 지방을 분해하는 건 아닙니다. 그래서 체중 감량에 보조적 효과를 가져올 수는 있어도 확실히 체중을 줄여준다고는 말할 수 없습니다. 이런 물질은 기능성은 가졌지만 의약품이 아닌 '식품'으로 분류되기 때문에 누구나 쉽게 구입할 수 있지요.

경험적 증거는 직관적으로 눈에 들어옵니다. 그래서 혹하기 쉽지요. 하지만 그것이 진실에 가까운지를 알려면, 개인적인 일화가 아닌 보편적 경험으로 확장되는지를 알아보아야 합니다. 우리는 나만의 효율적인 비법을 꿈꾸지만, 과학은 누구에게나 통하는 평범한 일상이 더 중요하다고 생각합니다. 과학적 법칙이란 특수하거나 특별한 것이 아니라, 매우 평범하고 당연한 것이랍니다.

06
블록을 맞추는 가장 효과적인 방법
– 과학적 사고 과정

 문제를 해결하는 네 가지 방법

일곱 살 난 아이에게 테트로미노를 하나 사주었습니다. 아이는 호기심 가득한 눈으로 새 장난감에 빠져들었지요. 테트로미노는 작은 정사각형 4개를 연결한 다양한 조각(테트리스 게임에 나오는 도형)을 끼워서 커다란 사각형을 만드는 퍼즐입니다.

테트로미노를 처음 접한 아이는 조각 여러 개 중에 초록색으로 칠해진 블록을 집어 들더군요. 초록색은 아이가 가장 좋아하는 색인데다가, 예전에 비슷한 놀잇감을 가지고 놀 때 초록색 블록을 가장 먼저 끼워 전체를 완성한 걸 기억하는 듯했습니다. 하지만 잘 안 됐던 모양입니다. 몇 번 맞춰보더니 금세 엄마를 불러 도와달라고 했

으니까요. 제가 이 놀잇감을
사준 이유는 스스로 해답을 찾
길 바랐던 것이어서 기운만 북
돋아주고 물러났습니다. 믿었
던 엄마가 도와주지 않자 약간
기분이 상한 아이는 풀이 죽은
채 다시금 블록을 집어 들었습
니다.

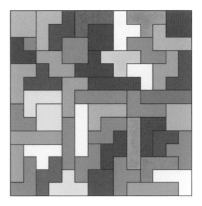

• 테트로미노.

　이번에는 바닥에 작은 정사
각형을 먼저 만들었습니다. 큐브 판이 정사각형이니 정사각형을 더
하면 되겠다고 생각한 것 같습니다. 가지고 있는 조각으로 정사각형
이 하나는 만들어지지만, 나머지 조각들 가지고는 아무리 시도해도
맞춰지지 않았습니다. 결국 또 실패. 연이은 실패에 오기가 생겼는지
이제는 도와달라는 말도 하지 않고 조각들을 노려보더니 다시 새롭
게 도전했습니다. 서로 요철에 맞도록 조각을 돌리기 시작한 것이지
요. 잠시 끙끙대는가 싶더니 머지않아 멋지게 완성한 테트로미노 판
을 엄마에게 쓱 내밀었습니다. 아주 의기양양한 얼굴로 말이지요.

　아이에게 칭찬을 담뿍 해주고 돌아서자 슬그머니 웃음이 나왔습
니다. 미션을 해결하려고 이리저리 고민하던 아이의 진지한 모습
이 대견해서 한 번, 문제를 해결한 뒤 지은 뿌듯한 표정이 귀여워서
한 번, 아이가 문제를 푸는 과정에서 보여준 다양한 패턴이 신기해

서 한 번. 아이의 모습을 보고 있노라면, '아이는 과학자로 태어난다'는 식상한 말이 어디서 나왔는지 알 것만 같습니다. 아이가 지금 보여준 문제 풀이 방식이 사람들이 문제를 해결할 때 시도하는 방법을 거의 그대로 보여주고 있으니까요. 누가 시킨 것도 아닌데 말입니다.

문제에 부딪힌 사람들은 크게 네 가지 방법으로 문제에 접근합니다. 첫 번째는 관습적 방법입니다. 관습적 방법이란 말 그대로 원인을 심각하게 생각하거나 고민하는 대신 관습적으로 전해지는 지침을 무조건 받아들이는 것이지요. 아이도 처음에는 그랬습니다. 초록색을 좋아하기 때문에 여러 색 중에서도 초록색을 먼저 고르는 버릇이 있습니다. 그래서 초록색 조각을 먼저 끼워 넣으려 했던 것이지요. 이처럼 늘 하던 것처럼 익숙한 방식으로 문제를 해결하려는 것을 관습적 방법이라고 합니다. 물론 관습적 방법이 모두 나쁜 것은 아닙니다. 사실 관습적 방법은 처음 만들어졌을 때는 나름 의미가 있었던 경우도 적지 않습니다. 하지만 오랜 세월이 지나 환경이 변했는데도 방법이 그대로라면 대부분은 의미를 상실한 채 형식만 남게 됩니다. 그래서 문제 해결에 도움이 되기는커녕, 오히려 방해만 되기도 합니다. 이번에도 마찬가지였지요. 예전에는 초록색이 문제 해결에 도움이 되었다 하더라도 패턴이 달라지니까 소용이 없어졌거든요.

두 번째는 권위에 의한 접근입니다. 권위자의 의견을 문제 해결의 기준으로 삼는 것입니다. 아이는 문제가 해결되지 않자 곧 엄마에게 도움을 청했습니다. 이 방법은 제대로 된 전문가에게 정확하게 질문하는 경우에 매우 효율적입니다. 그래서 전문가들이 따로 존재하는 것이고요. 하지만 이 방법은 누군가의 지시를 그대로 답습하게 되니 자신의 생각은 배제될 수도 있습니다. 현실에서는 권위자의 범위에 따라 유용도가 달라지는 경우도 많습니다. 해당 분야에 경험이 많고 노련한 권위자의 말을 조언으로 삼는 것은 매우 좋은 습관입니다. 부족한 경험과 좁은 시야에서 오는 한계를 전문가의 조언으로 극복할 수 있기 때문이지요. 그러나 해당 분야의 전문가가 아닌 다른 전문가를 맹신하거나, 전문 지식이 있는 사람이 아닌 그저 유명한 사람의 의견을 전문가의 조언으로 혼동한다면 문제가 될 수 있습니다.

세 번째는 직관에 의한 방법입니다. 직관(直觀)이란 '판단·추리 등의 사유 작용을 거치지 않고 대상을 직접적으로 파악하는 작용'을 말합니다. 즉, 지금 머릿속에 떠오른 그대로 받아들이는 것이지요. 적어도 직관에 의한 방법은 관습적 방법이나 권위에 의한 접근과는 달리 판단의 주체가 남(전통적 관습, 권위자)이 아니라 내가 된다는 점에서 다른 의미를 지닙니다. 아이도 큐브 판이 작은 정사각형들이 만나 큰 정사각형으로 이뤄진다는 사실을 깨닫고 먼저 정사각형을 만들려고 했지요. 하지만 직관적 방법은 '그럴듯해' 보이기는 하지만 실제적으로 '그런 것'인지 장담할 수 없다는 한계를 지닙니다. 다시 말해, 큐브 판이 정사각형 두세 개를 더한 모양이라도 꼭 정사각형으로만 채워지지는 않습니다. 직관적 사고의 맹점은 여기에 있습니다.

마지막은 과학적 방법에 의한 접근입니다. 일반적으로 과학적 방법론은 문제 인식 → 가설 설정 → 실험과 관찰을 통한 가설 검증 및 수정 → 가설 확증 → 법칙 수립으로 이어지는 일련의 과정을 거친다고 알려져 있습니다. 이 방법은 가설을 수립하기 위해 논리적 인과 관계를 파악해야 하고, 가설을 검증하는 과정에서 비판적 분석이 필요합니다. 따라서 다른 방법에 비해 최선의 해결책에 접근하기 유리합니다. 아이도 여러 시행착오를 거친 뒤에 비로소 이 방법에 도달했습니다. 정해진 크기의 판을 채우면서 작은 조각은 좁은 공간에도 잘 들어가므로 나중에 끼워도 되지만, 큰 조각은 자투리 공간에 넣기 쉽지 않기 때문에 먼저 채워야 한다는 것을 깨달았습니다. 또 좁은 틀 안에 모든 조각을 집어넣기 위해서는 두 조각이 맞닿는 부분만이 아니라, 전체 조각의 요철이 모두 맞아야 한다는 걸 깨우쳤지요. 이 방법으로 접근했을 때 아이는 시행착오를 끝내고 드디어 큐브 판을 완성할 수 있었습니다.

 ## 문제를 해결하는 가장 유용한 방법

굳이 카를 포퍼의 말을 빌리지 않더라도 '삶은 문제 해결의 연속'이라는 사실을 오늘을 사는 우리는 대부분 압니다. 우리는 매순간 수없이 많은 문제를 풀어나갑니다. 때로는 아주 사소한 일부터 생명이 오가는 중대한 일까지, 매일같이 수많은 문제를 마주치고 해결하며 살아갑니다. 잔인하게도 우리는 항상 최선의 결과를 기대하지만, 현실은 종종 그렇지 못합니다. 잘못된 선택을 반복해 인생의 쓴맛을 보았다면, 한 번쯤 문제에 접근하는 방식을 되짚어보는 건 어떨까요? 나는 최선의 결과를 얻기 위해 스스로 생각하고 고민하며 결과를 예측한 뒤에 선택했는가. 아니면 그냥 하던 대로, 누군가 시킨 걸 답습해서, 왠지 그런 것 같아서 선택했는가를 말이죠.

과학적 방법의 유용성은 여기서 발휘됩니다. 과학을 결과가 아닌 과정으로, 과학자의 전유물이 아닌 문제 해결에 유용한 하나의 사고 방식으로 봅시다. 그럼 인생 곳곳에 쌓인 문제를 처리하는 데 최선은 아니더라도, 최악을 피하는 방법은 어렵지 않게 찾을 수 있을 겁니다. 원인을 분석하고 결과와 연관시키는 인과적 사고는 합리적이고 논리적인 사고가 바탕이 되어야 가능하니까요. 그럼 과학자가 아니거나 과학자가 될 생각이 없어도 과학을 배워야 하는 이유는 무엇일까요? 과학적 법칙과 이론 자체가 중요하다기보다는 이것이 만들어지는 과정에서 어떻게 합리적으로 사고하고 인과 관계를 밝혀내는지, 그 사고 체계를 벤치마킹해 삶에 적용하기 위해서인지도 모릅니다.

07

이랬다가 저랬다가 왔다갔다
- 변화하는 진실

 달걀을 하나만 먹어야 할지 세 개쯤 먹어도 될지

전기밥솥에 키친타월을 깔고 달걀을 올린 뒤 물 한 컵과 소금 한 스푼을 넣습니다. 취사 과정을 두 번 반복하면 찜질방의 인기 간식, 갈색을 띤 구운 달걀이 만들어집니다. 저희 아이들은 구운 달걀을 좋아합니다. 삶은 달걀에 비해 쫀득하고 짭조름해서 그런지 몇 개씩 먹으려고 하지요. 그런데 여기서 갈등하게 됩니다. 과연 한꺼번에 달걀 여러 개를 먹어도 될까요?

누군가는 달걀이 '완전식품'이라 불릴 정도로 영양가가 풍부하다며 섭취를 적극 권장합니다. 그런데 다른 누군가는 달걀에 콜레스테롤이 많아 좋지 않다고 합니다. 실제로 식품안전정보포털 '식품

번호	식품군	1회 제공량(g)	열량(kcal)	탄수화물(g)	단백질(g)	지방(g)
	식품명	당류(g)	나트륨(mg)	콜레스테롤(mg)	포화지방산(g)	트랜스지방산(g)
1	난류	100	130	3.41	12.44	7.37
	달걀, 생것	0.22	131	328.83	2.56	0

• 달걀 영양 성분 분석표.

안전나라'에서 제공하는 표에 따르면 달걀 100g당 콜레스테롤 함량
은 328mg입니다. 달걀 하나의 평균 무게가 60~70g이고, 콜레스테
롤 1일 권장량이 300mg임을 감안하면, 달걀 두 개만 먹어도 권장량
을 훨씬 뛰어넘는 수치지요. 어떤 사람은 중요한 건 함유량이 아니
라 섭취량인데, 달걀에는 콜레스테롤의 흡수를 저해하는 레시틴도
풍부하게 들어 있어서 먹었다고 다 흡수되는 건 아니라고 말합니다.
또 달걀에는 눈에 좋은 루테인이나 간에 좋은 메티오닌 같은 성분도
들어 있으니 하루에 달걀을 서너 개씩 먹는 건 오히려 실보다 득이
많다고 주장하는 사람도 있습니다.

　이 주장들을 순서대로 늘어놓으면, 달걀에 대한 인식은 '영양분이
많아서 좋다 → 영양분이 과해서 나쁘다 → 영양분이 다양해서 좋
다' 등으로 변하고 있는 셈이지요. 인류가 처음 달걀을 먹었던 수천
년 전이나 지금이나 달걀의 성분 자체는 큰 변화가 없을 텐데, 달걀
에 대한 우리의 인식은 계속 바뀌고 있습니다. 그럼 우리는 달걀을
더 먹어야 할까요, 덜 먹어야 할까요? 이에 대해 확실히 답하려면 과
학적 진실을 알아가는 과정을 이해할 필요가 있습니다.

서로 잘 어울리는 화음이나 색상처럼 단어에도 어울리는 조합이 있습니다. '돌'이라는 단어와 '딱딱한' '견고한' '묵직한' 등은 잘 어울리지만, '말랑말랑한' '연약한' '털북숭이 같은' 등은 어딘가 어색합니다. 과학이라는 단어도 마찬가지지요. 대표적으로 과학과 짝을 잘 이루는 단어는 과학적 '진리'와 과학의 '발전'이라는 두 단어가 있습니다. 인류는 과학적 진리를 발견함으로써 문명과 사회의 발전을 이끌어왔다는 말은 식상할 정도로 많이 듣습니다.

하지만 지나치게 잘 어울리는 듯 보여도 때로 모순에 빠지기도 합니다. 어떤 것이 '진리'라고 불리려면 '확고부동한' 속성을 가져야 합니다. 이랬다저랬다 하는 것을 진리라고 부를 수는 없으니까요. 하지만 어떤 것이 '발전'하려면 반드시 '변화'해야 합니다. 변하지 않고 가만히 있는 것은 결코 발전한다고 볼 수 없으니까요. 그러다 보니 이 과정에서 종종 혼란이 발생합니다. 한쪽에서는 과학적으로 밝혀진 진리가 절대적이라고 생각하지만, 다른 쪽에서는 과학은 시간이 지나면서 점점 더 발전하고 변화한다고 말합니다. 아무리 과학이 만능이라고 하더라도, 절대적이면서 동시에 변화할 수는 없으니 어느 쪽을 받아들여야 할지 모르겠습니다. 지동설이나 진화론처럼 거창한 것이 아니라, 내가 아침 식사로 달걀을 하나만 먹어야 할지 세 개쯤 먹어도 될지를 결정하는 사소한 일에서도 혼란스러울 때가 있습니다.

발전적으로 변화 가능한 열린 진리

그러므로 과학에 '진리'와 '발전'이라는 다소 모순적일 수 있는 단어가 모두 사용될 수 있는 이유를 좀 짚어보도록 할게요. 진리(眞理)란 '언제 어디서나 누구든지 승인할 수 있는 보편타당한 법칙이나 사실'을 의미합니다. 앞서 살펴보았듯 과학적 법칙이란 보편성을 지녀야 하니 진리와 일맥상통하는 면이 있습니다. 발전(發展)이란 '능력·수준이 더욱 나아지거나 내용·영역이 충실해지고 확대되어 훌륭한 상태가 되는 것'을 의미합니다. 이는 과학의 또 다른 특징인 모르는 것을 알아가는 과정과 맞물립니다. 몰랐던 것을 알게 되면 어쨌든 이전보다는 능력이 나아지고 내용이 확대될 가능성이 높겠지요.

그런데 보편적 규칙을 확립하기 위해서는 개별적인 결과들을 다양하게 확인하는 과정과 그 규칙이 성립되도록 하는 논리적인 인과 관계가 필요합니다. 그러다 보니 대부분의 보편적 규칙들은 단시간에 개별적인 노력만으로는 성립되기가 어렵습니다. 오랜 시간을 두고 다양한 사람이 저마다의 결과를 비교하며 이를 관통하는 핵심 원리를 찾아야 합니다. 게다가 애초에 과학적 발견이나 연구라는 접근법 자체가 '모르는 것을 알아가는 과정'이기 때문에 알아낸 것이 반드시 정답이라는 보장도 없습니다. 그렇기에 과학적 탐구 과정은 보편적 진리를 찾아가는 과정인 동시에, 실수투성이이고 좌충우돌인 경우가 대부분입니다. 마치 먼 도시에 사는 친구의 집을 약도도 없이 찾아가는 것과 비슷합니다. 생전 처음 가는 낯선 도시의 복잡한 골목길에서 지도나 안내자 없이 단번에 친구의 집을 찾아내는 건 거의 불가능합니다. 더군다나 대부분의 과학적 탐구 과정에서는 친구가 복잡한 골목 어딘가에 진짜 사는지 아닌지도 보장해주질 않습니다. 다시 말해, 여기에 진짜로 내 친구가 살고 있는지조차 확실하지 않다는 것입니다.

과학 연구는 깔끔하고 완벽하다기보다 오히려 소란스럽고 실패를 거듭하는 과정입니다. 소동과 실패의 과정을 통해 어둠 속에서 한 가닥 사실을 찾아내고, 사실을 엮어 논리적 연결 고리를 밝혀내며, 때로는 진실처럼 보이지만 진실이 아닌 것을 제외하는 과정을 거쳐야 비로소 과학적 진실이라고 말할 수 있는 하나의 규칙이 만들어집니다. 그래서 과학적으로 증명되었다면, 어찌됐든 결과를 뒷받침하는 사례와 증거와 원리를 찾아냈다는 말이니 신뢰할 만한 진리일 가능성이 높습니다. 애초에 과학적 진리를 찾아내는 과정 자체가 점진적이고 누적적인 속성이 있기 때문에 '발전'이라는 단어와 어울립니다. 여기서 과학자들은 과학을 정의하며 불변의 속성을 지닌 '진리'와 변화의 속성을 지닌 '발전'이라는 말을 모두 포함하는 '열린 학문'이라는 단어를 제시합니다.

과학은 모르는 것을 알아가는 과정이므로 그 끝이 어디에 있을지 알 수 없으니 늘 결론을 열어놓습니다. 다시 말해 과학적인 자세는 '믿음'이 아니라 '수용'에 가깝습니다. 과학적 진리로 정해졌다고 해서 믿는 게 아니라, 다양한 증거를 통해 논리적으로 내려진 결론을 받아들이는 것이지요. 과학이 지구가 둥글고 태양을 중심으로 돌고 있다는 사실을 받아들이는 이유는 절대적으로 '믿기' 때문이 아닙니다. 지금까지 찾아낸 수많은 증거를 검토한 결과, 지구가 둥글다는 결정적인 증거를 찾아냈기에 지구는 편평할 수 없다고 받아들이는 겁니다. 지구가 태양을 도는 원리는 설명할 수 있으나, 태양이 지구를 돌도록 만드는 힘의 근원은 설명할 수 없으니 지동설을 인정하고 수긍하듯 말입니다.

과학자들은 처음부터 정해진 믿음이나 절대적 진리를 상정하고 이에 따른 증거를 찾기보다는, 가설을 짜고 이를 검증할 증거를 찾아내고 논리적으로 해석한 뒤 결과를 받아들이는 방식으로 진리를 세워나갑니다. 따라서 과학적 진리라고 인정된다면 그 뒤에 수많은 실제적 증거와 논리적 뒷받침이 있기에 일단 믿을 만하다고 판단됩니다. 물론 절대적이지는 않습니다. 자연에는 인간의 물리적이고 생리적인 한계 때문에 측정이나 관측이 어렵거나, 인식의 한계로 상상조차 할 수 없는 부분이 존재할지도 모릅니다. 그러니 과학적 진리는 한계를 인정합니다. 현재 과학적 진리라고 불리는 것은 우리가 측정·관측·인식할 수 있는 한계 내에서는 진실에 가깝습니다. 하지만 앞으로 새로운 측정·관측·인식의 결과가 등장해 기존의 진리를 보완하거나 부정할 수도 있습니다. 그래서 과학이 믿을 만한 진리이면서, 동시에 발전이 가능하다는 것이지요. 과학적 진리가 확고부동하고 절대적이어서 의미 있는 게 아닙니다. 결과가 바뀔 가능성을 열어두고 진실에 한걸음씩 다가간다는 데 의미가 있습니다. 발전적으로 변화 가능한 열린 진실, 과학의 또 다른 특징입니다.

제2부
과학으로 살아가기

●

제 지인은 스스로를 '전형적인 문과형 인간'이라고 부릅니다.
학창 시절 배운 과학이라는 '과목'에 대한 거부감이 심해서
여전히 과학을 낯설어하는 데다. 과학이 인간의 내면을 풍요롭게
만드는지 잘 모르겠다길래 조금 놀랐습니다.
제2부에서는 우리가 재미없고 의미도 없다고 생각하는,
어쩐지 공허한 교과서 속 과학이
우리 삶에 어떤 영향을 미치는지를 이야기합니다.

●

01

안개 속에서 길을 잃지 않으려면
– 대기오염과 미세 먼지

 ## 봄의 불청객이 되어버린 미세 먼지

3월은 시작의 달입니다. 달력은 1월부터 시작하지만, 3월은 되어야 진짜 새해가 시작되었다는 느낌이 듭니다. 입학식과 개학식이 있고, 만물이 깨어나는 봄이 3월부터라 그럴지도 모릅니다. 그런데 올해 (2019년) 3월은 예년과는 달리 연일 흐리고 어두웠습니다. 그래서 활기차고 싱그러운 봄의 느낌보다는 절망감 섞인 우울감만 잔뜩 불러 왔습니다. 전국을 가득 메우고도 몇 주일째 약간의 진폭만 거듭할 뿐, 도무지 걷힐 기미가 보이지 않는 지독한 미세 먼지 탓이었죠. 뉴스에는 미세 먼지 농도가 최고 수치를 기록했다는 보도가 매일 쏟아지고, 병원에는 먼지로 인한 비염 환자와 천식 환자가 만원을 이루

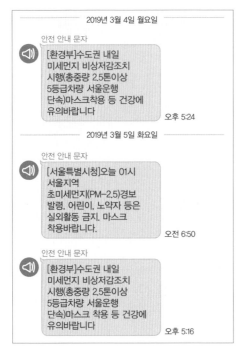

2019년 3월 4일 월요일

안전 안내 문자

[환경부]수도권 내일
미세먼지 비상저감조치
시행(총중량 2.5톤이상
5등급차량 서울운행
단속)마스크착용 등 건강에
유의바랍니다

오후 5:24

2019년 3월 5일 화요일

안전 안내 문자

[서울특별시청]오늘 01시
서울지역
초미세먼지(PM-2.5)경보
발령. 어린이, 노약자 등은
실외활동 금지. 마스크
착용바랍니다.

오전 6:50

안전 안내 문자

[환경부]수도권 내일
미세먼지 비상저감조치
시행(총중량 2.5톤이상
5등급차량 서울운행
단속)마스크 착용 등 건강에
유의바랍니다

오후 5:16

• 지난 2019년 3월, 연일 계속 울린 환경부의 안전 안내 문자.

었습니다.

저희 집 아이들도 알레르기 비염이 심해져 병원을 자주 들락거렸는데, 소아청소년과 대기실은 갈 때마다 같은 처지의 아이들로 엄청 북적대더군요. 몸이 좋지 않아 보채는 아이들, 좁은 대기실을 꽉 메운 사람들, 텁텁한 실내 공기……. 모두 말은 안 해도 짜증을 한껏 눌러 참고 있는 그때, 그곳에 모인 이들의 휴대폰이 동시에 시끄럽게 울려댔습니다. 바로 환경부의 '안전 안내 문자'를 일괄 수신하는 소리였지요. 콜록거리는 아이들로 가득 찬 소아청소년과 진료 대기실에 동시다발적으로 울려 퍼진 시끄러운 경보음은 불안을 넘어 꼭 이렇게 살아야 하는지 회의감마저 들게 만들었습니다.

진료를 마치고 나온 거리는 사람들이 외출을 최대한 자제해서 그런지 한산했습니다. 간혹 마주치는 사람들도 큼직한 마스크로 얼굴이 가려져 누가 누군지 구별하기 힘들었습니다. 공기청정기와 의류 살균기는 날개 돋친 듯 팔려 주문을 넣어도 몇 주씩 기다려야 할 정도였고요. 오히려 봄을 즐기는 게 사치라는 생각이 들었습니다. 레이첼 카슨이 이야기한 '침묵의 봄'이 현실화된 건 아닌지 걱정될 정도로요.

이처럼 미세 먼지로 인해 생활에 큰 변화가 나타나자, 정부는 지난 2019년 2월 15일부터 '미세 먼지 저감 및 관리에 관한 특별법(미세 먼지법)'을 시행했습니다. 미세 먼지 농도가 일정 수준을 넘어서면 자동차 운행 제한, 미세 먼지를 배출할 수 있는 공장 등의 시설에 대한 가동률 조정, 시차 출·퇴근 및 휴업이나 휴교 조치를 취할 수 있고, 저감 규칙을 어기는 경우 과태료를 부과할 수 있게 했습니다. 하지만 아직까지는 시행 초기라 그런지 몸으로 느껴지는 변화는 거의 없어 보입니다.

사람(뿐만 아니라 다른 많은 생명체도)이 생명을 유지하려면 숨을 쉬고 물을 마시고 음식을 먹어야 합니다. 이는 기본적인 생존권에 속하죠. 전에도 제대로 음식을 먹지 못하거나 오염된 물을 마셔 수인성 질병에 걸리는 사람들은 늘 있었습니다. 그래도 대기를 가득 채운 공기만큼은 모두를 위한 것이었습니다. 영양가 있는 음식과 깨끗한 물에는 돈이 들지만, 숨 쉬는 건 무료니까요. 하지만 이제는 당연한 기본권이라고 생각했던 공기마저도 공짜가 아니었다는 생각이 듭니다. 대기오염으로 부대 비용이 생겨나고 있으니까요. 대기오염(大氣汚染)의 사전적 정의는 '인간의 활동으로 인한 대기의 오염'입니다. 지구의 대기는 질소 약 78%, 산소 약 21%, 기타 기체 약 1%의 비율로 오랫동안 안정적으로 유지되어왔습니다. 하지만 이대로라면 인류는 이를 교란시킨 최초이자 어쩌면 마지막 생물이 될지도 모르겠습니다.

 ## 런던을 뒤덮은 검은 안개

1952년 12월 5일, 강추위와 함께 유난히 어둡고 짙은 안개가 영국 런던을 뒤덮었습니다. 런던은 사흘에 한 번씩 비가 올 정도로 궂은 날이 잦아 자욱한 안개는 런던의 상징처럼 여겨질 정도지요. 그래서 이날 새벽, 유난히 짙은 안개가 끼었을 때도 사람들은 별로 당황하지 않았습니다. 늘 있는 일이라고만 생각했죠. 하지만 이날의 '검은 안개'는 그 전의 안개와는 달랐습니다. 해가 떠도 사라지지 않고 점점 더 짙어지는 듯했으니까요. 오히려 햇살이 땅을 비추는 걸 방해할 정도였습니다. 당시 상황을 찍은 사진 자료들을 살펴보면 대낮인데도 한밤중과 다름없이 사방은 어둡습니다. 가시거리가 1m도 채 되지 않을 정도라 앞서 가는 차량은 물론이고 신호등 불빛조차 제대로 보이지 않습니다. 심지어 런던 중심부의 아일 오브 도그스 지역 걷고 있는 사람이 자기 발을 볼 수 없을 정도였다니 달이 뜨지 않은 한밤중보다 더 심한 지경이었지요.

당시 영국을 뒤덮었던 검은 안개는 '런던 대스모그(Great Smog of London)'라 불리는 대기오염의 대명사가 되었습니다. 잘 알려졌다시피 스모그(smog)는 연기(smoke)와 안개(fog)의 합성어입니다. 이는 대기 중에 떠도는 미세 오염원들이 안개와 만나 지표 근처에서 정체된 상태를 말합니다. 영국은 세계 최초로 산업혁명이 일어난 나라답게

• 런던을 뒤덮은 스모그.

각종 산업 시설과 에너지를 공급하는 발전소(주로 화력발전소)가 일찍부터 세워졌고, 이미 100년이 넘도록 수많은 대기오염 물질을 내뿜고 있었지요. 하지만 당시에는 공장과 화력발전소의 굴뚝에서 뿜어져 나오는 연기 기둥을 누구도 심각하게 생각하지 않았습니다. 그 정도 연기쯤이야 약간 매캐해도 곧 넓디넓은 하늘로 흩어져버렸으니까요. 영국에서는 이미 1813년부터 공장 밀집 지역이나 대규모 화력발전소 근처에서 검은 안개가 발생했지만, 대부분 금방 사라졌고 피해도 눈에 띄지 않았기에 크게 문제되지는 않았습니다.

하지만 1952년 12월의 그날은 달랐습니다. 제2차 세계대전이 끝나고 복구 과정에서 수많은 산업 시설이 엄청나게 돌아가고 있었고, 평소보다 추워진 날씨 때문에 시민들은 난방을 최대한 가동했습니다. 당시에는 경제적 이유로 정제된 석탄 연료보다 불순물이 많이 섞인 저급 석탄을 사용하는 가정이 많았지요. 이즈음 런던 근교에서는 하루 동안 1,000톤의 미세 먼지와 2,000톤의 이산화탄소, 140톤의 염산과 800톤의 황산이 대기 중으로 뿜어져 나왔다고 합니다. 마침 그날은 바람도 거의 없었고, 공기도 습기를 머금어 축축했으며, 급작스레 추워진 날씨 탓에 지표가 차가워져 안개가 발생할 최적의 조건을 갖추었습니다. 또 땅 위의 공기가 한파로 차가워졌는데 그 위에 얹힌 연기는 따뜻해(굴뚝은 대부분 높은 곳에 위치했으니까요) 대기의 온도 차이로 자연스럽게 일어나는 대류 현상도 멈춰버렸습니다.

전후 산업 시설의 확산과 경제 사정의 변화, 저급 연료의 사용, 계절의 변화와 급작스런 한파, 잦아든 바람과 높은 습도, 높은 굴뚝과 대류 현상의 중단이라는 모든 조건이 우연찮게 한꺼번에 맞아떨어지면서 런던은 무려 닷새 동안이나 검은 안개 속에 갇히게 됩니다. 그리고 닷새 동안 햇빛을 잃어버린 대가는 매우 뼈아픈 것이었습니다. 수천 명에 이르는 사람들이 검은 안개에 짓눌려 목숨을 잃었고, 수만 명의 사람들이 고통을 받았으니까요. 어지간한 안개에는 눈도 깜짝하지 않던 영국인들도 이 '검은 안개'만큼은 간과해서는 안 된다고 생각했습니다. 영국 의회는 청정대기법(Clean Air Act)을 제정해 맑은 공기와 숨 쉴 수 있는 권리를 위해 본격적으로 나섰고, 가정용 연료를 석탄에서 천연가스로 대치하는 대규모 사업을 실시했습니다. 시민들도 환경문제에 좀 더 경각심을 가지고 적극적인 대응책을 찾으려 노력하기 시작하지요.

 ## LA를 휘감은 누런 안개

런던 대스모그 사건이 준 충격이 채 가시지 않은 1954년 7월, 이번에는 대서양 너머 미국 LA가 짙은 누런색 안개에 휩싸이는 사건이 일어납니다. 날씨가 항상 흐리고 안개가 자주 끼는 런던과는 달리, LA는 연간 강수일이 35일, 연간 일조 시간이 3,000시간이 넘는 햇빛의 도시입니다. 게다가 LA의 누런 안개는 보통의 안개가 끼는 차가운 새벽녘이 아니라 기온이 높고 맑은 낮 시간에 발생해 더욱 이상했지요. 사실 1940년대부터 이상한 '한낮의 누런 안개'는 간헐적으로 출현했지만, 1954년 7월에서 9월 사이에는 누런 안개가 유독 자주 출몰했습니다. 이 안개에 휩싸인 지역 주민의 절반 이상이 눈과 목이 따갑고 호흡이 곤란한 증상을 느꼈으며, 특히 많은 식물이 말라 죽는 일이 벌어졌습니다.

런던 스모그는 공장과 가정의 난방 연료에서 배출된 미세 먼지와 황산 화합물이 주된 원인이었습니다. 이와 달리 LA를 뒤덮은 안개는 자동차의 배기가스에서 뿜어져 나온 질소산화물과 탄화수소가 강렬한 태양빛과 만나 오존과 과산화물이 만들어져 발생한 '광화학

• LA를 휘감은 누런 광화학 스모그.

스모그(photochemical smog)'였습니다.

런던형 스모그가 난방용/산업용 석탄 연료의 부산물과 안개의 정체로 일어났다면, LA형 스모그는 주로 자동차의 배기가스와 태양의 강력한 자외선이 만나 생겨났습니다. LA형 스모그에서 특히 문제가 되는 것은 오존입니다. 광화학 스모그에서 발생하는 과산화물의 90% 정도가 오존입니다. 오존은 성층권에 존재할 때는 태양으로부터 오는 자외선을 막아주는 고마운 역할을 하지만, 이들이 대류권에 있을 때는 결코 고마운 존재가 되지 못합니다. 오존은 반응성이 매우 큰 기체여서 주변에 존재하는 물질을 마구 잡아 산화시키려 합니다. 물질의 산화는 다른 말로 성질이 변한다는 겁니다. 금속은 산화되면 부식되고, 단백질은 산화되면 기능을 잃습니다.

이런 성질을 이용해 미생물을 죽이는 살균제로 쓰이기도 합니다만, 사람도 단백질로 된 몸을 가진 생명체이기 때문에 오존에 노출되면 여러 문제가 생깁니다. 일단 오존의 농도가 0.05ppm*만 되어도 천식 환자의 발작이 증가하고, 0.1ppm을 넘으면 눈이 따갑고 두통이 발생하며, 0.5ppm이면 건강한 사람도 폐 기능이 저하되어 숨쉬기 힘들어집니다. 식물은 오존에 더 취약한데, 오존에 노출되면 잎에 반점이 생기

* ppm: parts per million의 약자로, 100만 분의 1. 다시 말해 1ppm은 어떤 물질이 전체에서 100만 분의 1의 비율로 들어 있다는 것으로, 오존 농도 0.05ppm이란 대기 중에 오존이 공기 분자 1억 개 중 5개의 비율로 들어 있다는 것을 의미합니다.

고, 꽃이 피는 시기가 늦어지고, 꽃가루의 생산량과 수확량이 모두 현저히 떨어집니다. 이런 사태를 겪고 난 LA 당국은 자동차 배기가스에 대한 대대적인 단속과 저감 규제 노력을 시작했습니다. 이처럼 영국과 미국에서 일어난 스모그 현상은 전 세계에 대기오염의 심각성을 확실히 알리게 됩니다.

 ## 서울 하늘을 짓누르는 회색 안개

아이들에게 크레파스를 주고 하늘을 그리라고 하면, 대부분은 옅은 파랑색으로 색칠합니다. 하늘이 보여주는 빛깔은 너무도 명확해 이를 나타내는 색의 이름조차 '하늘색'이지요. 그런데 요즘 아이들에게 하늘을 그리라고 하면 회색 크레파스를 집어들 것만 같습니다. 하늘이 연일 회색빛을 띠니 말이죠. 미세 먼지는 크기에 따라 분류하는데, 국내에서는 통상적으로 지름 $10\,\mu m$ 이하의 입자를 미세 먼지 (PM10으로 표기), 지름 $2.5\,\mu m$ 이하를 초미세 먼지(PM2.5), $1.0\,\mu m$ 이하, 즉 나노 단위의 입자를 극초미세 먼지(PM1.0)로 칭합니다.

크기가 기준이기 때문에 미세 먼지를 구성하는 물질의 종류는 지역과 시기에 따라 조금씩 다릅니다. 서울을 비롯한 대도시의 미세 먼지는 자동차 배기가스나 도시가스 난방에서 나오는 질소산화물과 화력발전소에서 나오는 황산화물이 주원인이 되지요. OECD에서 발표한 「2017년 삶의 질」 보고서에 따르면, 우리나라의 경우 공기 1 m^3당 미세 먼지의 농도가 평균 30.3 μm로 WHO의 권고 기준의 1.5배에 달합니다. 따라서 국내 조기 사망자 수가 연간 1만 7,000명을 넘어설 것으로 추측하기도 했습니다.

미세 먼지는 호흡기와 눈의 점막을 자극할 뿐 아니라, 몸속 깊숙이 침투해 또 다른 이상을 일으키기도 합니다. 숨 쉬는 공기가 오염되었으니 호흡기 질환이 늘어날 것이라는 결과는 예측이 가능합니다. 문제는 대기오염 물질이 호흡기를 넘어 체내 깊숙한 곳에 자리한 뇌에도 악영향을 미친다는 보고들이 나오고 있다는 겁니다.

대기오염 물질과 뇌질환의 관련성은 이미 2002년에 제시되었습니다. 대도시와 지방에서 여러 원인으로 죽은 떠돌이 개들의 사체를 연구하던 멕시코의 신경과학자들이 대도시에 살던 개들에게서 염증을 비롯해, 사람으로 치면 치매를 유발하는 뇌의 변화가 유독 많이 발견되었다는 사실을 보고했습니다. 도시라는 말에서는 회색빛 하늘이, 시골이라는 말에서는 푸른 하늘이 연상되듯, 대기오염 물질이 이런 차이를 만들어낸 게 아닌지 강력히 의심하게 되었지요.

2017년 초, 캐나다의 연구진들은 온타리오 지역에 사는 성인 2,200만 명을 12년(2001~2012) 동안 추적하며 이들의 퇴행성 뇌질환 발병 비율을 연구했는데, 차량이 많이 통행하는 주도로와 집이 가까울수록 퇴행성 뇌질환 중 치매의 발병률이 높아진다는 사실을 발견했습니다. 구체적으로 말하자면, 주도로에서 300m 이상 떨어진 곳에 사는 사람들에 비해 주도로에서 50m 이내에 사는 사람들의 치매 발병률이 7~11%가 높게 나타난 것입니다. 아무래도 차량 통행이 많은 주도로에 가까울수록 매연과 미세 먼지가 뒤섞인 오염된 공기를 호흡할 가능성이 높기 마련이니까요.

특히 크기가 0.2μm 이하인 극미세 먼지는 너무 작아 우리 몸의 자체 필터(코털, 점막, 세포막 등)로도 걸러낼 수가 없습니다. 따라서 극미세 먼지는 들숨을 타고 코 안쪽의 내피세포로 쉽게 침투할 수 있습니다. 숨만 쉬어도, 또는 냄새만 맡아도 극미세 먼지 일부가 후각신경으로 유입될 가능성이 있다는 말입니다. 특히 후각은 치매와 밀접한 관계가 있다고 알려진 신경입니다. 아직 정확한 이유는 밝혀지지 않았지만, 냄새를 잘 맡지 못하거나 냄새를 구별하지 못하는 후각감퇴증은 치매의 주요 전조 증상입니다. 여전히 논란은 있으나, 전문가들은 극미세 먼지가 후각신경을 통해 뇌로 침투한 뒤 반복적인 염증 반응을 일으켜 치매를 유발할 가능성이 높다고 추정합니다.

인류는 오랜 세월 진화의 과정을 거치며 큰 뇌를 가지게 되었고, 큰 뇌의 활동으로 지구상에서 유일하게 문명을 이룬 종족이 되었습니다. 그런데 문명의 근간을 이루는 산업과 기술의 발전으로 생긴 물질들이 우리의 눈을 흐리고, 숨통을 조이며, 심지어 뇌를 파괴하는 원인일지 모른다니 참으로 아이러니합니다. 에너지보존법칙과 질량보존법칙에 의해 세상 모든 물질과 에너지는 새롭게 생기거나 사라지지 않습니다. 그 위치와 관계만 바뀌며 유지될 뿐이죠. 마찬가지로 우리가 새로 결합해낸 것은 무엇이든 그냥 사라지지 않습니다. 새로 만들어내는 만큼 지구라는 크고 정교하게 조율된 시스템에 무언가를 빼낸 자리가 생길 테고, 그것이 우리에게 영향을 줄 것입니다. 수십억 년 동안 수없이 많은 조정을 거쳐 안정된 지금의 체계가 유지되길 원한다면, 우리 스스로가 정교한 시스템을 무너뜨리는 오류가 되지 않도록 조심해야 합니다. 이건 선택이 아니라 생존을 위한 필수 조건입니다.

02

점점 더워지고 점점 추워지는 날씨
– 기후 변화

 온실 기체, 왜 문제인가?

지난 2018년 날씨는 그야말로 극과 극이었습니다. 전년도에 비해 무려 42일이나 빠른 2017년 12월 15일부터 한강을 얼리며 시작된 한파는 2018년이 시작되면서 전국으로 번져 1월과 2월 두 달 동안 전국을 꽁꽁 얼렸습니다. 한파는 봄까지 이어져 한창 봄기운이 만연해야 할 4월에도 온도가 간신히 영상권을 오르락내리락하게 만들었습니다. 끈질기게 버티던 동장군은 5월이 들어서자마자 언제 그랬냐는 듯 돌변해 5월의 최고기온 기록을 서슴없이 갈아치웠습니다. 그러더니 그해 여름, 절정에 달해 한반도에서 공식적으로 기상 관측이 시작된 1907년 이후, 각종 최고 온도 기록(서울 최고 온도 39.6℃, 전국

최고 온도 홍천 41.0℃, 폭염[일 최고 기온 33℃ 이상] 일수 31.5일, 열대야 일수 17.7일[역대 2위], 가장 높은 여름 최저 기온 강릉 30.9℃ 등)을 갱신하는 위력을 보였지요. 그러다 가을바람과 함께 간신히 한풀 꺾이나 싶더니, 10월에 때아닌 초대형 가을 태풍이 연이어 찾아와 침수 피해를 일으켰고 많은 사람을 힘들게 했습니다. 한반도는 그야말로 롤러코스터에 버금가는 극단적인 기온 변화를 2018년 한 해 동안 겪은 셈입니다.

이런 현상은 해가 바뀌고 장소가 바뀌어도 여전히 이어지고 있습니다. 2019년 1월 말, 미국 중부의 시카고와 일리노이주에는 극지방보다 차가운 한파가 몰아쳤습니다. 영하 31℃를 밑도는 강추위가 도시를 꽁꽁 얼렸지요. 반면 같은 시기 남반구 호주의 북서부 지방은 낮 최고 기온 49.3℃를 기록하며 폭염에 휩싸입니다. 그야말로 전 지구가 더위와 추위의 이중고에 영혼까지 탈탈 털린 느낌입니다. 도대체 이런 현상은 왜 일어나는 것일까요?

'온실(溫室, greenhouse)'이라는 단어가 주는 느낌은 대개 긍정적입니다. 밖에는 칼바람이 휘몰아치고 있지만 유리로 덮인 내부는 더없이 포근합니다. 이색적인 식물이 뽐내는 상큼한 초록빛과 화려한 붉은빛이 어우러져 아름답고 환상적인 공간을 만들어내는 곳이 바로 온실입니다. 하지만 이 단어에 '기체'를 붙이면 이미지가 급반전됩니다. 한순간 상쾌한 초록 기운은 사라지고 후덥지근하고 텁텁한 기운이 훅 밀려드니까요.

잘 알려져 있다시피 온실 기체는 내부의 온도를 일정 기온보다 높게 유지하는 온실처럼, 대기권 밖으로 빠져나가는 열을 붙잡아 지구를 좀 더 따뜻하게 만들어주는 역할을 합니다. 에너지든 물질이든 균형을 맞춰 순환하는 것은 자연의 기본 법칙입니다. 지구도 그 일부이기 때문에 이 법칙에서 벗어날 수 없고요. 지구에 유입되는 에너지의 근원은 태양입니다. 태양은 수소와 헬륨의 핵융합에서 발생하는 에너지로 불타오르는데, 여기서 나오는 복사에너지가 지구의 모든 에너지의 근본이 됩니다. 지구는 태양에서 1억 5,000만 km나 떨어져 있기 때문에, 태양이 발산하는 복사에너지 중 지구에 도달하는 양은 겨우 22억 분의 1에 불과합니다. 그래도 엄청난 양*이지요.

만약 이렇게 많은 에너지가 지구에 유입되기만 하고 나가지 않는다면 지구는 과열될 테고 끓어오르다 못해 터져버리겠죠. 그래서 지구는 태양에서 받은 복사에너지를 다시 우주 공간으로 방출해 균형을 이룹니다. 이때 태양에서 받는 에너지와 지구가 방출하는 복사에너지의 형태는 조금 다릅니다. 높은 에너지를 지닌 태양의 복사에너지는 엑스선과 자외선 등 파장이 짧고 에너지가 높은 형태로 유입되지만, 온도가 상대적으로 낮은 지구는 파장이 길고 에너지가 낮은 적외선

* 지구가 단 하루 동안 받는 태양 에너지만 해도 1.5×10^{22} J에 이릅니다. 2015년 기준 전 세계 전력 소비량이 21.78 trilion kWh임을 감안하면 태양에서 단 하루 만에 받는 에너지는 지구 전체가 1년 동안 사용하는 전력량의 20배에 달하는 엄청난 양이지요.

의 형태로 복사에너지를 분출합니다. 태양이라는 거대한 불덩어리가 커다란 에너지 박스를 지구로 보내면, 지구에서는 이를 잘게 쪼개 다시 분출한다고 생각하면 됩니다.

만약 지구에 대기가 없다면 복사에너지는 지표에서 직접 교환되겠지요. 하지만 지구는 상당히 두꺼운 기체로 둘러싸여 있기 때문에 복사에너지는 지표에 닿기 전 대기에서 먼저 영향을 주고받게 됩니다. 대기층에 존재하는 물질들은 각각의 특성에 따라 복사에너지의 유입이나 유출 정도에 많은 영향을 미칩니다. 특히 대기층에 형성되는 두꺼운 구름과 먼지는 태양에너지를 튕겨내 지구 유입을 막습니다. 이처럼 유입되는 복사에너지를 막는 물질도 존재하지만, 지구에서 방출되는 복사에너지를 잡아 빠져나가지 못하게 붙잡는 물질도 있습니다. 이런 역할을 하는 기체를 '온실 기체'라고 하지요.

구름과 먼지가 태양에너지를 가리는 경우에는 유입되는 에너지가 줄어들어 기온이 낮아지고, 온실 기체가 많아지면 유출되는 에너지가 줄어들어 기온이 올라갑니다. 백악기 말, 공룡을 비롯한 육상 생물종의 75%를 절멸시킨 K-T 대멸종의 원인은 유카탄반도에 떨어진 소행성과 인도 데칸고원의 화산 활동으로 생긴 대량의 화산가스와 먼지가 이룬 먼지구름이라고 알려져 있습니다. 이 두꺼운 먼지구름이 지구로 유입되는 태양 복사에너지의 양을 현저히 줄였고, 이로 인해 광합성을 하던 식물과 거기에 의존하던 동물군이 연쇄 멸종한 것이지요.

우주는 매우 추운 곳입니다. 그러니 태양에서 받는 대로 모두 내놓는다면 지구도 역시 차갑게 식어버리겠지요. 과학자들은 대기 중 온실 기체의 영향을 배제할 경우, 지구의 평균 기온은 $-18 \sim -19\,°C$ 수준일 것으로 추정합니다. 이 온도에서는 지구 생물의 근간인 물이 얼어붙기 때문에 생명체가 발생하고 생존하기가 매우 어려웠을 겁니다. 그러나 지구의 대기 중에 빠져나가는 에너지를 붙잡는 온실 기체가 있어 지구의 평균 기온을 약 $15\,°C$ 수준으로 유지했고, 액체 상태로 존재하는 물이 다른 물질을 녹이고 섞을 수 있었습니다. 덕분에 지구는 태양계에서(혹은 우리가 인지하고 있는 범위 내에서) 유일하게 생명체가 살아갈 수 있는 행성이 되었고요.

흔히 온실효과(greenhouse effect)의 과정을 설명할 때 이산화탄소로 대표되는 온실 기체가 태양에서 오는 자외선 형태의 복사에너지는 그냥 통과시키지만, 지구에서 발산하는 적외선 형태의 복사에너지는 잡아 가둔다고 이야기합니다. 이산화탄소는 눈도 없고 손도 없는데, 어떻게 적외선인지 자외선인지를 구별할까요? 또 애초에 보이지도 않는 적외선을 어떻게 붙잡을 수 있을까요?

앞서 말했듯이 태양 복사에너지는 에너지가 높은 전자기파(주로 가시광선과 자외선 쪽)이고, 지구 복사에너지는 에너지가 낮은 전자기파(주로 적외선)로 이루어져 있습니다. 이런 광선들은 광자로 구성되어 있고, 에너지 준위에 따라 각각의 광자들은 특정 기체와 상호 작용을 합니다. 이 중 적외선을 구성하는 광자들은 보통 세 개 이상의 원소로 이루어진 물질과 반응합니다. 따라서 대기의 99%를 차지하는 질소(N_2)와 산소(O_2)는 온실 기체가 아닙니다. 그러나 이산화탄소(CO_2)와 수증기(H_2O), 아산화질소(N_2O), 메탄(CH_4), 수소불화탄소(HFC_s), 과불화탄소(PFC_s), 육불화황(SF_6) 등 온실 기체로 분류되는 기체는 모두 원자 세 개 이상으로 구성된 분자임을 알 수 있습니다. 흥미롭게도 기체마다 광자를 붙잡는 정도가 달라 온실 기체의 대표 주자인 이산화탄소의 온난화 지수는 오히려 가장 낮은 수준입니다. 하지만 다른 온실 기체의 대기 함유량이 ppb(10억 분의 1)에서 ppt(1조 분의 1) 정도에 그치는 데 반해, 이산화탄소의 농도는 전 세계 평균 400ppm(100만 분의 1)으로 월등히 높아서 온실효과 기여도가 가장 큽니다.

사실 온실 기체에 의한 온실효과는 지구의 생태계가 형성되는 데 결정적인 역할을 했습니다. 만약 지구 대기층에 온실 기체가 전혀 없었다면 지구의 기온은 지금보다 훨씬 낮았을 것입니다. 그 온도라면 물이 액체 상태로 존재하기 어렵고, 지구상에서 생명이 출현할 가능성은 현저히 떨어집니다. 반면에 대기 중에 온실 기체들이 지나치게 많았다면 온실효과가 극대화되어 지표면은 펄펄 끓는 불

온실 기체	온난화 지수
이산화탄소	1
메탄	21
아산화질소	310
수소불화탄소	140~11,700
과불화탄소	6,500~9,200
육불화황	23,900

• 온실 기체의 온난화 지수.

바다가 되었겠지요. 실제로 태양계의 행성인 금성은 대기 중 이산화탄소의 비율이 96.5%로 매우 높아서 스스로 열을 내지 못하는 데도 표면 온도가 470℃에 이를 정도로 뜨겁습니다. 이런 행성과 달리 지구의 대기에는 적당한 양(0.03%)의 온실 기체가 포함되어 있어 적절한 온실효과로 생명체가 살기 적당한 온도를 유지할 수 있었죠. 이처럼 지구의 생태계는 온실 기체 덕분에 비교적 온난한 기후 속에서 형성되었습니다. 인간도 이런 생태계에서 탄생해 진화되었고요. 그런데 왜, 온실 기체가 미움을 받을까요?

지구는 정말로 더워지는 걸까

'과유불급(過猶不及)'이라는 말이 있습니다. 넘치면 모자람만 못하다는 뜻이죠. 분명 온실 기체는 우리가 살아가는 데 꼭 필요한 고마운 개체입니다. 하지만 최근 들어 온실 기체 양이 늘어난 게 문제입니다. 옷이 추위를 막아주는 고마운 존재라고 해도 한여름에 털 코트를 입고 있으면 열사병에 걸리겠죠. 마찬가지입니다. 더 큰 문제는 이렇게 늘어난 온실 기체 추가분이 자연적으로 늘어난 게 아니라 인간에 의해 인위적으로 늘어났다는 겁니다.

산업혁명 이후 200여 년간 가파르게 증가한 석탄과 석유 사용량은 이산화탄소의 생성량을 급속도로 증가시킵니다. 탄소(C)를 포함한 화석연료를 태우면, 최종 산물로 이산화탄소(CO_2)가 생기기 때문이지요. 대기 중 이산화탄소 농도는 지난 1832년 284ppm에서 2007년 384ppm까지, 2017년에는 405ppm까지 상승했습니다. 이와 비례해 지구의 평균 기온도 1℃ 이상 증가했고요. 또 사람들의 변화된 식습관, 즉 육식을 즐기게 되면서 메탄가스의 방출량이 늘었습니다. 전부터 사람들은 우유와 고기를 얻으려 소를 길렀지만, 최근 축산업의 발달로 사육되는 소가 급증하면서 문제가 생겼습니다. 반추동물인 소는 네 개나 되는 위에서 지푸라기를 분해하며 엄청난 양의 메탄가스를 만들어냅니다. 따라서 소가 질긴 풀을 소화시키며 한 번 트림할 때마다 고약한 냄새와 함께 분비된 메탄가스가 공기 중에 섞여 온실효과를 증대시킬 수 있습니다. 그래서 누군가는 '소의 트림이 지구를 따뜻하게 데운다'는 표현을 쓰기도 합니다. 소가 한두 마리라면 그저 우스개소리로 넘기겠지만, 2016년 기준으로 전 세계에서 길러지는 소는 약 13억 마리에 달합니다. 전 인류보다 많죠. 소 1마리가 1년에 약 85kg의 메탄을 방출한다고 하니, 이들이 뿜어내는 메탄의 양은 연간 100Mt이 넘지요. 그렇다면 지구의 온도가 높아지는 지구온난화는 도대체 왜 문제일까요?

지구온난화가 가져온 가장 큰 변화는 기온 상승으로 인한 기후 변화입니다. 최근에는 지구온난화라는 단어보다도 '기후 변화'라는 말을 더 자주 사용하는데요. 지구온난화를 단지 기온이 올라 지구가 따뜻해진다는 용어로 오해하기 쉽기 때문입니다. 얼핏 지구의 평균 기온이 올라가 겨울이 따뜻해지면 살아가기가 좋을 거라고 생각할 수도 있습니다. 문제는 기온의 상승을 그저 단순하게 받아들일 수 없다는 데 있습니다. 지구의 생태계와 자연환경은 모두 유기적으로 연결되어 균형을 이루는 순환 상태이기 때문에, 기온 상승은 단순히 온도계 숫자가 달라지는 데서 그치지 않습니다. 증가한 열에너지가 지구라는 순환 시스템에서 재분배되는 과정 중 어떤 형태로 바뀌어 어디서 튀어나올지 알기 어렵기 때문이지요.

지구온난화에서 가장 핵심적인 현상은 물의 상태 변화입니다. 얼음은 녹아서 물이 될 테고, 물은 증발해서 수증기가 되겠지요. 얼음이 좀 녹고 수증기가 좀 많아지는 게 무슨 문제냐고 할지도 모르겠습니다. 하지만 지구는 표면의 70%가 물로 덮인 행성이기 때문에, 물의 상태 변화는 또 다른 현상으로 이어집니다. 기온이 올라 일단 극지방의 빙하가 녹아내리면 해수면의 상승을 가져와 저지대의 침수 및 해일의 위험을 높입니다. 또 빙하가 녹아서 생긴 차가운 민물은 기존 해류의 흐름을 방해하고, 해류에 의한 열의 재분배 시스템을 교란시킵니다. 즉, 적도 근처 저위도에서는 극단적인 고온 현상을, 극지방에 가까운 고위도에서는 극단적인 저온 현상이 발생할 수도 있습니다.

지구온난화는 물의 증발도 가속화시켜, 하천이 말라 사막화가 진행되는 지역이 늘어나거나 건조한 날씨로 인한 산불 발생 가능성이 높아져 사막화로 이어지기도 합니다. 한편 바다에서는 늘어난

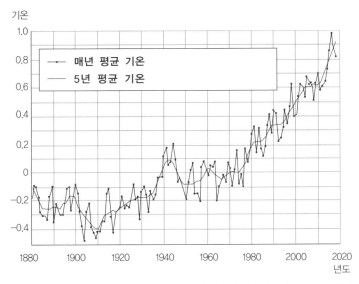

기온

- 세계 연평균 기온 그래프(**NASA GISS** 제공). 해가 갈수록 연평균 기온이 높아지고 있다.

수증기 덩어리가 엄청난 크기의 비구름을 형성해 집중호우와 스콜(Squall), 태풍과 허리케인 등의 발생률이 높아집니다. 이처럼 온난화로 물의 상태가 변하고 이는 날씨의 변화와 극단적인 기상 현상을 불러옵니다. 그래서 요즈음은 지구온난화 대신 기후 변화라는 말을 쓰고 있는 것이지요.

일차적으로 물의 상태 변화 때문에 기후 변화가 일어난다면, 이차적으로는 이 기후의 변화로 인한 이상 현상이 발생합니다. 지구는 표면의 70%가 물로 덮여 있지만, 이 중 바닷물이 97%이고 빙하가 2%입니다. 즉, 당장 식수나 생활용수로 사용 가능한 민물은 전체 물의 1%에 불과하다는 것이죠. 그런데 온난화로 기온이 상승하면 하천의 민물 증발량도 가속화되기 때문에, 식물 상당수가 물 부족으로 말라죽게 됩니다. 이에 기대어 사는 동물들도 일차적으로는 식수 부족으로, 이차적으로는 먹이 부족으로 멸종하거나 개체수가 상당히 축소될 수 있습니다. 인간도 마찬가지입니다. 이미 유엔은 2025년까지 세계 인구의 3분의 2가 물 부족으로 고통을 겪을 것이라고 경고한 바 있습니다.

기후 변화는 식생에도 영향을 미쳐 특정 생물종의 극단적인 증가 또는 감소를 가져와 균형 잡혀 있던 기존 생태 시스템을 교란시켜, 결국 무너뜨릴 가능성도 높습니다. 이미 많은 과학자들이 수억 년간이나 지구를 뒤덮었던 공룡이 단 한 종도 남지 않고 멸종해버린 이유로 소행성 충돌이 가져온 지구의 한랭화와 기후 및 식생의 변화를 꼽습니다. 이런 선례로 보건대, 온난화가 가져오는 기후 변화는 이번에는 공룡 대신 지구의 상당수를 차지하는 생물종을 멸종시키거나 대규모로 재조정할 가능성이 높습니다. 단지 지구의 기온이 조금 올랐다고 이 많은 일이 일어날 수 있다는 사실이 놀랍기만 합니다.

 ## 기후 변화가 인간에게 미치는 영향

'남의 눈에 들보보다 내 손톱 밑의 가시가 더 아프다'는 말이 있습니다. 사람은 기본적으로 남의 고통보다는 내 고통에 더 크게 반응한다는 뜻이죠. 그래서 아무리 온난화 문제를 말해도 내 일이라고 인식되지 않는다면 그저 남의 고통일 뿐입니다. 제3세계의 기아 문제가 아무리 심각해도 오늘도 우리는 과식하는 것처럼 말이죠. 하지만 인간도 지구에 거주하는 종이므로 온난화의 결과가 인간만 피해 가지는 않습니다. 그렇다면 온난화는 인간에게 어떤 영향을 미칠까요?

표면적으로 보이는 가장 큰 변화는 기상재해입니다. 기온이 상승하면 물의 재배치가 일어나 해일, 쓰나미, 가뭄, 기습적인 폭우, 허리케인과 돌풍의 발생 등 기상이변이 일어납니다. 거대한 자연의 힘 앞에서 인간은 하잘것없습니다. 기상이변은 대참사로 이어집니다. 2005년 허리케인 '카트리나'가 미국 남동부를 강타했습니다. 사망자만 700명 이상이고, 실종자는 최소 2,000명에서 최대 2만 명으로 보고될 정도로 어마어마한 피해를 가져왔습니다. 특히 폭우나 해일 같은 기상이변이 지나간 뒤에는 엄청난 양의 물이 남기 마련이고, 물과 더운 날씨가 만나면 미생물이 순식간에 번식합니다. 그렇기에 기상이변이 지나간 자리에는 수인성 질병이 실과 바늘처럼 따라오는 경우가 많습니다. 실제 카트리나 피해 지역에서도 비브리오 패혈균으로 인한 사망자가 나왔습니다.

기상이변이 아니더라도 기온의 변화는 생채 시스템의 교란을 가져올 수 있습니다. 기본적으로 인간은 온도의 변화에 대응하는 항온동물이고 기온의 변화에 맞서 냉방과 난방 시스템을 고안하기도 했지요. 그래도 폭염으로 인한 열사병 같은 온열 질환, 혹한으로 인한 저체온증과 동상의 증가를 피할 수는 없습니다. 실제로 지난 2003년 유럽에 폭염이 몰아쳤을 때, 단기간에 3만 5,000명에 가까운 사람이 폭염으로 사망했습니다. 대부분은 노인이었는데 거동이 불편하고 체력이 약해 탈수와 탈진, 호흡곤란으로 목숨을 잃은 것이지요. 우리나라도 2018년 폭염 당시, 8월 15일을 기준으로 순수 온열 질환자가 4,526명이 발생했고 그중 48명이 숨졌습니다. 이는 2011~2017년 평균인 10.7명의 4.5배에 달합니다. 2012~2013년 전 세계를 강타한 이상 한파로 추위에 강한 러시아 모스크바에서도 170명 이상이 사망했으며, 전 세계에서 수천 명이 한파로 목숨을 잃는 사태가 벌어졌습니다.

앞서 설명했듯이 기온 상승은 식생을 변화시키기도 합니다. 우리나라 동해안에서 자주 잡히던 명태는 이제 씨가 말랐습니다. 지난 1981년에 17만t 가까이 잡혔지만 2004년 포획량은 고작 64t입니다. 이에 해양수산부는 '국산 명태 되살리기 프로젝트'를 가동해 2018년까지 120만 마리가 넘는 명태 치어를 방류했지만, 다시 잡힌 개체는 수 마리에 불과합니다. 명태는 수심 300m 이하의 심해, 즉 찬물에서 서식하는 어종이라 바다의 온도가 높아진 상황에 치어만 방류한다고 해결될 문제는 아니었다는 거죠. 명태야 안 잡히면 안 먹으면 된다지만, 문제는 변온동물의 북방 한계선이 해마다 위로 올라간다는 것입니다.

특히 곤충의 생존 지역은 날로 넓어지고 있는데, 이 과정에서 인간에게 치명적인 질병을 옮기는 모기, 진드기, 파리 등 해충의 숫자가 가파르게 증가하고 있습니다. 해충이 증가하면 이들이 옮기는 말라리아, 황열, 뎅기열, 쯔쯔가무시병, 수면병 등 질환의 발생율도 덩달아 올라가지요. 예를 들어 1,700m 고원에 위치한 케냐의 수도 나이로비는 기후가 서늘해 모기에 의한 피해가 거의 없는 말라리아 청정 지대였습니다. 하지만 최근 몇 년 사이 이곳에서도 모기 서식지가 발견되었고, 말라리아 환자가 발생하고 있습니다. 학자들은 이를 지구온난화의 결과라고 추정합니다. 지구온난화는 곤충뿐 아니라 미생물의 생존과 번식에도 도움을 주어 수인성 감염병이나 식중독의 발생율도 높아집니다. 특히 상대적으로 안전한 겨울철에도 식중독 사고가 늘어나고 있습니다.

지구온난화는 호흡기 질환의 증가도 동반합니다. 애초에 온난화의 주원인으로 지목된 이산화탄소는 화석연료를 태울 때 많이 발생합니다. 이 과정에서 이산화탄소 외의 연소 부산물도 발생하지요. 예를 들어 자동차는 휘발유나 경유를 태워 엔진을 돌리면서 이산화탄소 외에도 일산화탄소, 탄화수소, 황산화물, 황화수소, 질소산화물 등 다양한 물질을 배기가스로 배출합니다. 알려져 있다시피 인체 내에 들어온 일산화탄소는 헤모글로빈과 반응해 질식을 일으키며, 황화수소는 후각 마비, 눈과 호흡기 자극, 두통 및 구역질의 원인이 됩니다. 이밖에도 질소산화물은 폐렴을 일으키는 원인이 되며, 탄화수소는 호흡기 질환 발생률을 높입니다. 이처럼 화석연료를 대량으로 사용하는 현대 산업 시스템은 이산화탄소 발생률을 높여 지구온난화를 가져올 뿐 아니라, 대기오염 물질을 증가시켜 우리에게 직접적인 악영향도 끼칩니다.

　미국의 정치인이자 환경 운동가인 앨 고어가 지구온난화를 경고한 책『불편한 진실』에는 개구리 실험 이야기가 등장합니다. 뜨거운 물이 담긴 통에 개구리를 넣으면 개구리는 곧바로 뛰쳐나옵니다. 순간적으로 위험을 감지하기 때문이죠. 그런데 같은 개구리를 미지근한 물에 넣고 서서히 데우면, 개구리는 위기가 코앞에 닥칠 때까지 꼼짝 않다가 죽어버리고 맙니다. 서서히 다가오는 위험의 징후를 미처 감지하지 못한 것입니다. 온난화에 대응하는 지금 우리 인간들은 과연 개구리보다 나을까요?

더 알아보기

두꺼비의 습격

근대과학은 여러 자연의 법칙과 원리를 밝혀 신비하고 위대한 자연을 측정과 계산이 가능하며 예측할 수 있는 일종의 거대한 '기계'로 바라보게 했습니다. 하지만 여전히 자연은 만만한 존재가 아닙니다. 1930년대, 호주의 퀸즐랜드주에서는 사탕수수 농사를 망치는 '케인 비틀'이라는 딱정벌레 때문에 골치를 앓고 있었습니다. 그러다 사탕수수 두꺼비가 케인 비틀 퇴치에 효과적이라는 말에, 정부 지원으로 두꺼비 102마리를 남아메리카에서 수입해 사탕수수 밭에 방생합니다. 사탕수수 두꺼비(cane toad)라는 이름처럼 사탕수수에 기생하는 해충을 잡아먹고 사는 동물이었죠. 사탕수수 두꺼비는 케인 비틀 퇴치에 충실했고, 실제로 이 해충은 사탕수수 두꺼비 도입 이후 거의 사라졌습니다.

그런데 여기서 문제가 발생합니다. 두꺼비의 새 정착지인 호주는 먹잇감이 풍부한데다 개체수를 적절히 조정해줄 천적이 거의 없었습니다. 두꺼비는 엄청난 숫자로 늘어나기 시작합니다. 그리하여 사탕수수 두꺼비는 곤충과 갑각류, 작은 포유동물까지 잡아먹으며 호주의 생태계를 파괴하는 무법자로 등극하지요. 개체 수가 얼마나 늘었는지 비오는 날 몰려든 두꺼비 탓에 하수구가 막혀 역류하기도 했습니다. 두꺼비들이 자동차 도로 위에 빽빽하게 진을 쳐 교통사고 위험이 높아지자, 두꺼비 서식지 근처 도로에 두꺼비를 막는 안전망까지 세우는 일도 벌어졌습니다. 이쯤 되자 호주 당국은 지난 2005년 약 100만 호주 달러를 투입해 '두꺼비 퇴치 프로젝트'를 시작하기에 이릅니다.

자연은 단일한 구성 요소가 단선적인 관계를 이루며 존재하는 곳이 아니라, 수많은 행위자가 복합적인 네트워크를 이루며 상호 영향을 주고받는 시스템입니다. 이 시스템에서는 개별적 요소가 하나만 어그러지거나 문제를 일으켜도 전체가 영향을 받을 수 있습니다. 자연을 어그러뜨리거나 교란시키는 행위는 그래서 더 위험하답니다.

• 호주의 생태계를 파괴하는 무법자, 사탕수수 두꺼비.

03

플라스틱의 시대,
우리는 무엇을 써야 할까?

 플라스틱 에이지의 시작?

흔히 선사시대를 말할 때, '구석기시대'나 '청동기시대'라는 용어를 씁니다. 덴마크의 고고학자이자 박물관장이었던 크리스티안 위르겐 센 톰센은 고대 유물을 분류하는 과정에서 유물을 구성하는 주요 물질의 특성에 따라 고고학적 연대를 구분하는 방법을 고안했지요. 이 방법이 지금도 많이 사용하는 3시대구분법, 즉 석기시대(Stone Age)-청동기시대(Bronze Age)-철기시대(Iron Age)로 구분하는 방법입니다. 물론 요즘에는 석기시대를 뗀석기를 사용하던 구석기시대(Paleolithic Age)와 간석기가 출현한 신석기시대(Neolithic Age)로 세분하기도 합니다. 이런 규칙에 따라 후대의 역사가들이 시대를 분류한다면, 20세기 이후는 아마 '플라스틱시대(Plastic Age)'라고 불리지 않을까요? 그만큼 플라스틱은 현대인의 삶 속에 깊숙이 들어와 있는 물질입니다.

미국의 저널리스트이자 작가 수전 프라인켈의 경험을 들어볼까요? 평소 천연 물질 애호가인 수전은 플라스틱 제품을 그다지 좋아하지 않았습니다. 그녀는 플라스틱 제품이 환경오염을 일으킨다는 소식을 접하고, '플라스틱 없는 삶'을 살아보기로 결심합니다. 하지만 수전은 그 결심이 참으로 무모했다는 사실을 오래지 않아 깨닫습니다.

플라스틱 없이 살기로 한 그날 아침, 더듬거리며 안경을 찾아 쓴 그녀는 깨어난 지 10초도 되지 않아 어젯밤의 결심을 어겼다는 사실을 깨닫습니다. 코 위에 얹힌 안경의 코 받침이 바로 플라스틱이었거든요. 시작하자마자 맥이 풀려버린 수전은 밤새 참았던 소변을 보면서 이제는 더 이상 실수하지 않으리라 마음을 다잡았는데, 아뿔싸…… 앉아 있던 변기 커버도, 물을 내리는 손잡이도 모두 플라스틱이라는 사실을 깨닫습니다. 물이라도 마시고 정신을 가라앉히려 주방으로 갔더니, 냉장고 문손잡이도 플라스틱이라 잡기가 망설여집니다. 심지어 물은 플라스틱 병에 담겨 플라스틱 선반에 놓여 있다는 사실까지 불현듯 떠오릅니다. 주변을 둘러보니 칫솔과 치약 튜브, 화장품 케이스, 신발, 가방 안에 있는 휴대폰과 노트북까지 플라스틱이 안 들어간 물건을 찾기가 더 어렵습니다.

그제야 '플라스틱 없이 살아가기'가 비닐봉지 대신 에코백을 들고 다니거나 일회용 컵을 쓰지 않는 수준의 간단한 일이 아님을 절실히 깨닫게 되었지요. 포기가 빠른 수전은 목표를 바꿉니다. 플라스틱 없이 사는 대신 플라스틱에 대해 알아가기로 말이죠. 그리고 하루 종일 접한 모든 플라스틱의 목록을 빠짐없이 기록합니다. 그녀의 '하루치 플라스틱 리스트'에는 무려 196종이나 되는 플라스틱 제품이 빼곡히 기록되었다고 합니다. 현대인들은 그야말로 플라스틱에 둘러싸여 산다고 해도 과언이 아니죠.

 ## 플라스틱이란 무엇일까?

세상에는 누구나 알지만 제대로 모르는 것이 꽤 많습니다. 플라스틱도 그중 하나입니다. 플라스틱이라는 단어를 들으면, 플라스틱 제품을 어렵지 않게 떠올릴 수 있습니다. 눈을 감고 아무 물건이나 집어도 플라스틱 성분이 들어 있을 확률이 매우 높거든요. 이토록 수많은 플라스틱에 둘러싸여 살아가는 현대인이지만, 플라스틱이 무엇인지 막상 설명하려면 말문이 막힙니다.

사전에서는 플라스틱을 '인공적으로 만들어진 고분자 화합물'이라 부릅니다. 어떤 기능을 가지는 물질의 단위를 '분자'라고 하는데, 플라스틱은 주로 석유를 원료로 하는 '인공적으로 만들어진 고분자 물질'을 말합니다. 분자란 '물질에서 화학적 형태와 성질을 잃지 않고 분리될 수 있는 최소의 입자'를 말합니다. 어떤 분자가 적어도 1만 개 이상 이어져 있는 경우를 '고분자'라고 하고요. 다시 말해, 고분자 물질은 동일한 분자가 매우 많이 연결된 물질을 뜻합니다. 사실 고분자 물질은 자연계에도 흔합니다. 예를 들어 녹말은 수많은 포도당 분자가 모여서 이루어진 천연 고분자 물질이고, 단백질도 수많은 아미노산 분자가 이어져 만들어졌습니다. 생명체의 정보를 담은 유전물질도 수많은 DNA가 이어진 고분자 물질이지요. 그래서 천연 고분자 물질이라고 부르기도 합니다.

이에 비해 플라스틱은 어떤 종류의 분자든 인위적으로 수만 개 이상을 이어 만든 모든 물질을 일컫습니다. 애초에 모든 플라스틱은 합성 물질입니다. 따라서 분자의 종류가 아니라 분자가 얼마나 많이 모여 있는가에 따라 플라스틱이냐 아니냐를 나눕니다. 그래서 플라스틱의 종류는 매우 다양하고, 새로운 종류가 만들어질 가능성이 있으며, 대부분 분자들이 '이어져 있음'에 많은 영향을 받습니다. 플라스틱이라는 이름도 여기에서 기인하지요.

플라스틱(plastic)이라는 단어는 그리스어로 '변형시키기 쉽다'는 뜻을 지닌 plastikos*에서 유래되었습니다. 모든 플라스틱은 다양한 모양과 두께와 길이로 가공하기 쉬워 특성 자체

* 영어로 '성형수술'을 plastic surgery 라고 하는데요. 이 말 역시 타고난 신체를 변형시켜 모습을 바꾼다는 뜻에서 플라스틱이라는 말을 쓰는 것이지, 플라스틱 재료를 써서 수술한다는 뜻은 아니랍니다.

가 이름이 되었지요. 플라스틱의 가공이나 성형이 쉬운 것도 플라스틱의 분자적 특성 때문입니다. 예를 들어, 동그란 구슬이 1만 개 있다고 해봅시다. 모두 낱개로 있을 때는 이 구슬들로 무언가를 만들기는 어렵습니다. 연결되지 않은 구슬들은 쌓거나 포개놓아도 금방 무너져 내리니 갈무리하기가 도무지 쉽지 않지요. 하지만 구슬 1만 개를 실에 꿰어 하나로 연결하면 어떨까요? 그러면 각각의 구슬은 자유롭게 굴러다닐 수 없지만, 구슬꿰미의 모양은 다양해질 수 있습니다. 구불구불 늘어놓을 수도 있고, 층층이 쌓을 수도 있고, 돌돌 감을 수도 있으니 오히려 결과물은 다양해집니다. 플라스틱도 마찬가지입니다. 분자 수만 개가 하나로 이어져 있으니 쌓고 겹치고 돌돌 말고 가늘게 늘여 가공해 다양한 모양과 두께의 물질을 얼마든지 만들어낼 수 있지요.

플라스틱은 합성수지(合成樹脂, synthetic resin)라고도 표현합니다. '수지(樹脂)'란 글자 그대로 '나무에서 분비되는 기름진 액체,' 즉 나뭇진을 의미합니다. 나무줄기에 상처를 내면 끈적끈적한 물질이 분비되는데 시간이 지나면 딱딱하게 굳습니다. 소나무의 송진이 대표적이고, 천연고무도 고무나무에서 분비된 나뭇진을 가공해 만든 것이죠. 우연히 만들어진 초기 플라스틱의 굳기 전 모습은 끈적끈적하고 느른한 게 얼핏 송진을 닮았습니다. 그래서 '인간이 만든 나뭇진 형태의 물질'이라는 뜻으로 '합성수지'라 불렀다고 합니다. 나중에 이런 물질이 고분자 화합물의 한 종임이 밝혀지고, 이렇게 만들어진 물질에는 송진을 닮지 않은 것도 있어서 새로운 이름이 필요했습니다. 따라서 만들어진 이름이 가공하기 쉽다는 뜻을 지닌 플라스틱입니다. 어쨌든 플라스틱은 기존의 재료인 나무, 유리, 돌, 금속, 천연섬유 등을 제치고 점점 더 우리의 삶 속에 깊숙이 들어오게 되었답니다.

 ## 플라스틱은 어떻게 만들어졌을까?

제가 대학에 다니던 시절, 친구들은 PC방이나 코인노래방보다는 당구장에 많이 갔답니다. 저도 포켓볼을 좋아해서 당구장에 자주 간 기억이 납니다. 큐대로 하얀색 볼을 치면, 푸른색 융단 위로 색색의 당구공이 경쾌한 소리를 내며 데굴데굴 굴러가다가 포켓 속으로 쏙 사라질 때의 느낌이 참 좋았습니다. 그런데 당구의 인기가 현대인이 플라스틱에 의존하게 된 계기라는 사실을 아시나요?

당구는 크리켓 경기를 실내에서 할 수 있도록 개량한 스포츠입니다. 초기에는 코끼리의 상아로 만든 공을 썼다고 합니다. 경기 특성상 당구공은 매끄러우면서도 단단하고 또 탄성이 좋아야 하는데, 모든 물질을 자연에서 추출해서 쓰던 당시에 이 조건을 가장 잘 갖춘 재료는 코끼리 상아였던 것이죠.

시간이 흐르고 당구의 인기가 점점 올라가자 이에 비례해 당구공의 수요도 늘기 시작했습니다. 발 빠른 사람들은 당구공의 재료인

• 코끼리의 상아로
만들어진 당구공.

상아를 얻으려 사냥꾼을 고용해 코끼리를 마구 잡았습니다. 코끼리

는 덩치만큼이나 상아도 큽니
다. 다 자란 아프리카 코끼리의
상아는 최대 길이 3m에 무게만
해도 90kg에 이를 정도인데도,
그 수요를 감당할 수 없는 지경
에 이릅니다.*

　상아는 제법 비싼 값에 팔렸
고, 거기에 코끼리의 두꺼운 피
부를 뚫는 성능 좋은 무기가 개
발되면서(코끼리는 후피 동물로,
피부의 두께만 2.5cm에 이르러서

＊ 현대 코끼리의 상아는 이처럼 크지 않
습니다. 상아는 고대부터 단단하고 매
끄러우며 다루기 쉬운 재료로 인기가
있었는데, 19세기에는 그 수요가 폭발
해 엄청난 숫자의 코끼리가 단지 상아
만을 위해 희생되었지요. 그 결과 코
끼리의 상아는 100여 년 만에 엄청나
게 작아졌습니다. 21세기 야생 코끼리
의 상아는 최대 45kg을 넘지 못하고
상아 없는 코끼리의 개체도 많이 늘어
났습니다. 밀렵꾼들은 돈벌이를 위해
상아가 큰 개체만 골라 사냥했고 그로
인해 큰 상아를 만드는 유전자를 지닌
코끼리들이 유전자 풀에서 모두 제거
되었기 때문이죠.

소형 권총으로는 쓰러뜨리기조차 어렵습니다) 밀렵꾼들은 전보다 더 쉽게, 더 많이 코끼리를 사냥할 수 있었습니다. 잇따른 남획으로 코끼리 수는 급감했고, 1860년대에는 당구공의 수요를 감당할 수 없게 됩니다. 커다란 시장은 있는데 원료가 없어 돈을 벌 수 없다니, 상인들에게 이보다 안타까운 일도 없었겠죠. 이에 미국의 당구공 제조업체 Phelan & Collander사는 당시 매우 큰돈인 1만 달러를 상금으로 내걸고 당구공 대용품 공모전을 엽니다. 상아만큼 단단하고 매끄러우며 마찰력이 적어 잘 구르는 재질의 공을 만들어오는 사람에게 상금을 주겠다는 것이었죠.

이 공고를 본 미국의 인쇄업자 존 웨슬리 하이엇(Jonh Wesley Hyatt, 1837~1920)은 나이트로셀룰로스와 장뇌(녹나무의 나뭇진에서 추출한 물질)를 섞으면 매우 단단하고 매끄러운 물질이 만들어진다는 사실을 발견합니다. 이 새로운 발명품에 '셀룰로이드'라는 이름을 붙여 특허를 받아냅니다. 이것이 바로 최초의 플라스틱이었죠. 하지만 안타깝게도 셀룰로이드로는 당구공 제조업체가 내건 상금을 받지 못했습니다. 분명 셀룰로이드는 단단하고 매끄럽고 마찰력이 적고 값도 싸서 조건에 부합했지만, 결정적인 문제가 있었습니다. 셀룰로이드의 주성분인 나이트로셀룰로스가 작은 충격에도 불이 붙을 정도로 폭발성과 가연성이 강했기 때문이죠. 셀룰로이드 당구공끼리 세게 부딪치면서 불꽃이 튀거나 심지어 당구대에 불이 붙기도 했습니다. 당구공끼리 부딪치며 나는 폭발음과 불꽃 때문에 일부러 총을

쌌다고 생각하고 싸움이 벌어지는 일도 있었습니다. 한마디로 셀룰로이드 당구공은 보기에는 좋으나 치기에는 위험한 공이었던 셈이죠.*

* 셀룰로이드는 당구공뿐 아니라 넥타이핀, 브로치, 헤어브러시 등 다양한 곳에 사용되었는데, 머리를 빗다가 정전기로 빗에 불이 나거나 넥타이핀이 폭발해 사람이 다치는 사고도 일어났다는 기록도 남아 있습니다.

비록 하이엇은 1만 달러의 상금을 받지 못했지만, 여기서 시작된 '기존 물질을 섞어 새로운 고분자물질을 만들어낸다'는 생각 자체는 계속 이어집니다. 그 후 1909년, 미국의 화학자 리오 베이클랜드(Leo Baekeland, 1863~1944)가 페놀과 포름알데히드를 연결한 고분자물질을 만들고, 자기 이름을 따 '베이클라이트'라고 부릅니다. 베이클라이트는 천연 원료를 사용하지 않고 만든 최초의 합성수지이므로, 베이클라이트를 최초의 플라스틱으로 보기도 합니다.* 베이클라이트 이후 수많은 고분자물질이 만들어졌는데, 모두 가볍고 단단하며 방수가 잘 되었습니다. 게다가 절연성이 있고 녹이 슬거나 부식되지 않았으며 다양한 색으로 물들이거나 여러 가지 모양으로 가공하기도 쉬운 물질이었습니다.

결정적으로 매우 싼 값에 대량 생산도 가능했고요. 인류는

* 하이엇 외에도 비슷한 시기 알렉산더 파크스(Alexander Parkes, 1813~1890)가 만든 파크신이 최초의 플라스틱이라고도 합니다. 다만, 파크스와 하이엇이 만든 물질은 모두 천연 물질을 이용한 것이기에, 인공적으로 만든 최초의 플라스틱은 베이클라이트로 보는 것이 타당합니다.

이 신물질의 매력에 빠져듭니다. 만들기도 쉽고 쓸 데도 많은데 값도 싸니 천연 재료만 사용한 이들에게는 고분자물질, 즉 플라스틱은 너무 신기하고 고마운 존재였죠. 참고로 베이클랜드가 만든 물질이 어떤 이유로 이런 특징을 가지게 되었는지 알려진 건 한참 뒤인 1922년입니다. 비밀을 밝혀낸 사람은 독일의 화학자 헤르만 슈타우딩거(Hermann Staudinger, 1881~1965)인데, 그는 고분자 화합물의 특징을 밝혀낸 공로로 1953년 노벨 화학상의 주인공이 됩니다.

분자들을 인공적으로 길게 이어 붙이면 꽤 괜찮은 물질이 나온다는 사실이 알려지자, 화학자들은 너도나도 새로운 물질을 만드는 데 뛰어들었습니다. 1933년, 영국의 연구진은 이미 1894년 한스 폰 페히만(Hans von Pechmann, 1850~1902)이 합성했으나 그 성질을 제대로 알지 못해 잊혔던 물질을 다시 합성하는 데 성공해 특허를 냈습니다. 이것이 현재 각종 물품 포장 용기로 가장 널리 쓰이는 플라스틱인 폴리에틸렌(PE)입니다. 1935년 미국 듀폰사의 월리스 캐러더스(Wallace Carothers, 1896~1937)는 석유 부산물인 벤젠을 원료로 폴리헥사메틸렌아디파미드를 이용해 합성섬유를

• 나일론 스타킹을 신은 여성.

개발하기에 이릅니다. 매우 질기고 튼튼하며 여러 색깔로 물들이기 쉬운 합성섬유의 가능성을 본 듀폰사는 이 섬유로 만든 제품을 출시해 대박을 터뜨립니다. 이것이 바로 합성섬유의 대명사로 불리는 '나일론'입니다.

이렇게 플라스틱의 역사는 20세기 초반부터 시작되었습니다. 뒤이어 일어난 두 번의 세계대전을 거치면서 플라스틱은 점차 우리의 삶 속으로 파고들기 시작했습니다. 전쟁은 필연적으로 물자의 부족과 원료의 공급 차질이라는 문제를 가져옵니다. 그렇기에, 원료를 안정적으로 보급하려면 수율이 들쭉날쭉한 천연 물질보다는 일정하게 공급이 가능한 인공 합성 물질이 더 낫겠죠.

이후 플라스틱의 종류는 점점 많아지고 더 달라집니다. 플라스틱의 종류는 원료가 되는 분자에 따라 매우 다양합니다. 기본적인 성질은 비슷하지만, 열에 대한 반응은 둘로 나뉩니다. 열가소성플라스틱은 가공한 뒤에도 열을 가하면 녹는 플라스틱으로, 다 쓰고 다시 녹여 재활용이 가능합니다. 폴리에틸렌, 폴리스티렌, 폴리염화비닐 등이 열가소성플라스틱으로 일반적인 포장 용기, 플라스틱 그릇 등에 쓰입니다. 우리가 일상에서 사용하는 플라스틱 대부분이 열가소성플라스틱이니 사용한 빈 용기는 가능한 한 재활용 쓰레기로 분류하면 좋겠지요.

반면 열경화성플라스틱은 일단 가공한 뒤에는 열을 가해도 녹지 않고 타거나 변형됩니다. 당연히 재활용이 어렵습니다. 하지만 열가소성플라스틱보다 더욱 단단해서 전자기판, 대형 물탱크, 자동차나 항공기 등에 많이 쓰입니다.

이처럼 플라스틱은 우리 삶의 대부분을 차지하는 물질이 되었고, 이제 인류는 새로운 문제에 봉착하게 됩니다.

장점이 단점이 된 플라스틱

플라스틱은 여러 특징을 가지고 있습니다. 가볍고 단단하고 가공이 쉬우며 방수성과 절연성을 띱니다. 기존에도 이런 성질을 지닌 물질이 없지는 않았습니다. 그럼에도 플라스틱이 일상을 점령한 가장 큰 이유는 '내부식성(耐腐蝕性)' 때문입니다. 플라스틱은 시간이 지나도 썩거나 녹슬지 않습니다. 예컨대 전선을 플라스틱 피복으로 감싸놓으면, 전선 외부로는 전기가 흘러나오지 않고 시간이 지나도 피복이 썩거나 분해되어 벗겨지지 않아 오래도록 안전하게 사용할 수 있습니다. 게다가 플라스틱 제품은 값이 싸서 가난한 사람도 쉽게 살 수 있었습니다. 그 전까지는 음식이나 물을 담을 때 나무 그릇이나 흙을 빚어 구운 도기와 자기를 주로 사용했는데, 나무는 물이 스며들고 도기나 자기는 비싼데다 깨지기가 쉬웠지요. 반면 플라스틱은 물도 새지 않고, 도기나 자기에 비해 더 가볍고, 덜 깨지고, 깨지더라도 매우 저렴해서 쉽게 살 수 있었습니다. 이처럼 플라스틱은 잘 썩지

• 아프리카 가나 해변에 쌓인 플라스틱 쓰레기.

않고 값이 싸니, 사람들은 플라스틱 제품이 망가지기 전에 싫증나서
바꾸는 경우가 더 많았습니다.

그래서 플라스틱은 100년도 되지 않아 새로운 골칫거리가 되었
습니다. '종이컵 20년, 일회용 기저귀 100년, 스티로폼 500년'이라는
말에서도 나타나듯, 사용하는 순간에는 장점이었던 난분해성(難分解
性)은 쓰레기로 버려지는 순간부터 골칫거리가 됩니다. 썩지 않고 그
대로 쌓이기 때문이죠.

혹시 태평양 거대 쓰레기 지대(Great Pacific Garbage Patch), 일명 플
라스틱섬(plastic island)에 대해 들어보았나요? 이 섬의 존재가 알려진
건 1997년입니다. 당시 미국의 해양 환경 운동가이자 요트 탐험가
인 찰스 무어가 태평양을 횡단하다가 북태평양 한가운데서 거대한
쓰레기 더미를 발견했습니다. 바다에 몰래 버린 쓰레기들이 해류를

타고 떠돌다가 북태평양 지대로 모여든 것이지요. 이 쓰레기 더미의 90% 이상이 플라스틱이었고, 섬이라는 표현이 어울릴 정도로 어마어마한 규모였다고 합니다. 이 플라스틱섬의 크기에 대해서는 여러 의견이 분분하지만, 이런 지역은 실제로 존재합니다. 전 세계적으로 해마다 5,700만t의 플라스틱이 바다에 버려집니다. 우리나라도 해양으로 유출되는 15만t의 폐기물 중 30%가량이 플라스틱 제품이고 그 사용량은 해마다 증가하고 있습니다. 우리는 그만큼 생물의 고향인 바다의 숨통을 조금씩 죄어가고 있습니다.

이처럼 눈에 보이는 플라스틱도 문제지만, '눈에 보이지 않는 플라스틱'도 해롭기는 마찬가지입니다. 보통 흙먼지보다 미세 먼지가 더 해롭듯 플라스틱 분야도 그렇습니다. 우리가 흔히 쓰는 치약과 스크럽 세안제에는 눈에 보이지 않을 정도로 미세한 플라스틱 조각들이 함유되어 있습니다. 이들은 치아나 피부 표면에 마찰을 일으켜 이물질을 좀 더 깨끗하고 꼼꼼하게 닦아내는 용도로 쓰입니다. 이런 미세 플라스틱은 대부분 양치나 목욕을 할 때 사용되기 때문에 그대로 하수도를 타고 흘러나갑니다. 유럽연합 환경집행위원회의 보고서에 따르면, 이런 식으로 바다로 흘러드는 미세 플라스틱이 유럽에서만 연간 8,000t이 넘는다고 합니다.

미세 플라스틱은 종류에 따라 크기가 천차만별이지만 대부분 0.01~0.33mm 정도의 아주 작은 입자라서 맨눈으로는 보기 힘듭니다. 바다로 간 미세 플라스틱은 물고기가 아가미로 물을 걸러낼 때마다 함께 체내로 들어갑니다. 이렇게 쌓인 플라스틱은 물고기의 생존과 번식에 치명적인 영향을 미치게 되지요.

실제 실험 결과, 해양 생태계의 근간을 이루는 플랑크톤은 미세 플라스틱을 흡수한 뒤 먹이를 섭취하는 정도와 생체 기능이 저하되었습니다. 윤충(輪蟲)류는 성장이 저하되어 크기가 작아졌고 홍합에게서는 염증 반응이 증가했습니다. 이뿐만 아니라 미세 플라스틱은 생체 내에 소화되지 않아 먹이사슬을 통해 상위 포식자로 이동해 축적된다고 보고되었습니다.

이제 미세 플라스틱의 위험성이 널리 알려지기 시작했습니다. 각국에서는 뒤늦게나마 미세 플라스틱의 사용 금지 조치가 취해지고 있습니다. 우리나라도 식약처에서 '화장품 안전 기준 등에 관한 규정' 개정안을 행정 예고했는데요. 2017년 7월부터는 화장품에 미세 플라스틱 사용을 규제하고, 2018년 7월 이후에는 기존에 만들어진 제품이라도 미세 플라스틱이 함유된 제품은 판매가 금지됩니다.

하지만 치약이나 화장품에 들어가는 미세 플라스틱을 금지하는 것만으로는 한계가 있습니다. 원래 크기가 작은 1차 미세 플라스틱을 금지한다 하더라도, 후천적인 요인으로 생기는 2차 미세 플라스틱까지 막을 수는 없기 때문입니다. 2차 미세 플라스틱은 플라스틱에서 나오는 부스러기를 말합니다. 지금 이 순간에도 수많은 자동차가 아스팔트 바닥을 미끄러지며 공기 중에 미세한 타이어 조각을 흩뿌리고 있습니다. 우리가 입고 있는 화학섬유 옷에서는 작은 실오라

기들이 끊임없이 분출되고, 바다에 버려진 플라스틱 쓰레기들은 오랜 시간 파도에 휩쓸려 다니다 화학적·물리적 충격을 받아 잘게 부스러져 미세 플라스틱을 만들어냅니다. 플라스틱은 썩지 않으니 다른 물질로 바뀌지 않고 작게 쪼개지다가 언젠가는 모두 미세 플라스틱이 되겠지요.

따라서 궁극적으로 미세 플라스틱을 없애려면 모든 플라스틱 제품을 쓰지 말아야 합니다. 하지만 플라스틱의 편리함에 이미 익숙해진 현대인에게는 결코 쉬운 일이 아닙니다. 지속 가능한 삶을 위해서는 익숙한 편리함을 포기해야 하는데, 그건 결코 쉽지 않죠. 플라스틱 시대를 살아가는 현대인을 오랫동안 괴롭힐 숙제일 듯합니다.

 ## 플라스틱 시대를 현명하게 살아나가는 법

플라스틱 에이지라고 불리는 지금, 플라스틱 사용을 단칼에 금지하거나 이를 대치할 획기적인 물질을 찾는 것은 어렵습니다. 또한 플라스틱을 대치하기 위해 만들어낸 신물질이 또 다른 악영향을 가져올 수도 있고요. 그래서 지금 우리가 할 수 있는 건 '플라스틱 에이지의 지속성'을 증대시키는 일입니다.

가장 쉽게 할 수 있는 일은 플라스틱을 '덜' 쓰는 겁니다. 한 사람이 하루에 한 개씩만 덜 써도 하루에 70억 개가 넘는 플라스틱 제품이 덜 사용되는 셈이니까요. 플라스틱 제품을 덜 쓰고 아껴 쓰고 다시 쓰는 것이 일반 시민의 역할이라면, 플라스틱의 난분해성을 극복할 방법을 찾는 건 과학자의 역할입니다. 흔히 이런 종류의 플라스틱이라면 옥수수 전분이나 해조류 추출물 등을 가공해 만든 일명 '썩는 플라스틱'을 떠올리지만, 가격과 소재의 한계로 대치할 수 있는 범위가 좁은 편입니다. 그래서 최근에는 플라스틱을 분해하는 생물체에 주목하고 있습니다. 갈색거저리의 애벌레, 즉 밀웜(mealworm)이 플라스틱을 분해할 수 있다는 사실이 밝혀졌거든요.

밀웜은 흔히 애완용 조류나 파충류의 먹잇감으로 잘 알려진 애벌레로, 이름도 '식사'를 뜻하는 영어 '밀(meal)'과 '벌레'를 뜻하는 '웜(worm)'을 합쳐 만들었습니다. 애완동물 용품점에서도 쉽게 구할 수 있는 벌레지요. 그런데 실험 결과, 밀웜이 하루에 약 $34\sim39\,mg$ 정도의 폴리스티렌을 먹어치우며, 이를 충분히 소화시켜 환경에 해롭지 않은 물질로 바꿔 배설한다는 사실을 찾아낸 것입니다. 사실 정확히 말하자면 밀웜이 플라스틱을 소화하는 게 아니라, 밀웜의 소화기관 속에 사는 장내 세균이 이런 역할을 하는 겁니다. 실제로 밀웜에게 젠타마이신이라는 항생제를 먹여 장내 세균을 죽이면, 플라스틱을 분해하는 능력이 사라지거든요.

밀웜에게서 플라스틱의 분해 가능성을 보았다고 밀웜 자체를 잔뜩 키워서 플라스틱을 먹어치우게 하자는 것은 아닙니다. 연구진은 밀웜에게서 스티로폼을 분해하는 세균을 추출해 플라스틱 분해용

인공 효소를 개발할 채비를 하고 있습니다. 또 화랑곡나방 애벌레의 장내 세균 두 종류가 비닐봉지 원료인 폴리에틸렌을 분해한다는 사실도 확인되어 이와 관련된 연구도 진행하고 있답니다. 인간이 만든 환경오염 물질을 분해하는 자연의 대응력이 매우 놀랍습니다. 그러니 우리도 더욱 동참해야겠지요. 이 사태를 만든 원인은 바로 우리 인간이니까요.

04

손안에 갇힌 번개
– 번개에서 배터리까지

 전기를 들고 다니다

무언가 다수를 상대로 하는 행사를 기획할 때마다 참가자들에게 주는 기념품을 선정하는 일은 은근히 신경 쓰입니다. 별것 아니지만 주관 단체의 이름과 비전을 새기기에 어색하지 않고, 참가자들이 가져가야 하니 너무 크거나 무거워서도 안 되고, 그러면서도 촌스럽지 않고 실용적이며 가격도 적당해야 합니다. 자칫 어설프게 선택했다가는 시간과 노력과 돈을 들여 기념품을 선물하고도 되레 볼멘소리를 듣습니다. 그러다 보니 행사의 주최 기관과 취지는 달라도 기념품은 비슷비슷해집니다.

한동안 로고가 박힌 컵이나 텀블러, 에코백, 메모패드와 펜이 가장 보편적인 아이템이었고, 최근에는 USB 메모리나 휴대용 선풍기, 다목적 충전 케이블, 보조 배터리 등이 많은 사랑을 받고 있습니다. 받았을 때 가장 유용했던 것을 고르라고 하면 개인적으로 보조 배터리에 한 표 주고 싶습니다. 요즘 가방에 스마트폰과 블루투스 이어폰은 기본이고, 이북리더기, 노트북과 스마트패드도 자주 휴대하는데, 이 모든 것이 방전되면 무용지물이 되기 때문입니다. 가지고 다니는 모바일 기기의 품목이 늘어날수록 보조 배터리의 유용성도 커져서 장거리 출장을 갈 때는 두 개씩 챙겨 가기도 합니다.

그런데 저만 그런 게 아닌가 봅니다. 어느 조사에 따르면, 스마트폰을 사용하는 사람 10명 가운데 9명은 배터리 용량이 부족하다는 경고를 받으면 불안감을 느낀다고 합니다. 거기서 3명 중 1명은 단지 스마트폰을 충전하기 위해 피트니스 센터 예약을 취소하거나 공식적인 회의 일정까지 바꿀 수 있다고 응답했습니다. 이런 응답을 한 사람들의 증상을 '배터리 방전 증후군(Low Battery Anxiety)'이라고 부르기도 합니다. 제가 대학에서 강의할 때도 배터리를 충전하려고 콘센트가 설치된 벽 쪽에 일부러 자리를 잡는 학생들을 보았던 게 기억납니다.

언제부턴가 우리는 '들고 다니는 전자 기기'를 너무 당연하게 생각하게 되었습니다. 요즘에는 모바일 기기를 사용하지 못하면 불편함을 넘어 어색하게 느껴지기까지 합니다. 그러니 모바일 기기를 구동할 수 있게 만들어주는 배터리가 매우 중요하겠죠. 아무리 스마트

한 모바일 기기라도 방전되는 순간, 아무짝에도 쓸모없는 '멍청한' 플라스틱 덩어리가 되기 마련이니까요. 그렇다면 최초의 배터리는 어디에서 시작되었을까요?

이 질문의 답을 찾기에 앞서 전기의 기원부터 간단히 알아봅시다. 전기에 대한 인식은 기원전 600년경으로 거슬러 올라갑니다. 그리스의 자연철학자 탈레스는 보석의 일종인 호박 구슬을 모피 조각에 문지르면 머리카락이나 먼지가 달라붙는 현상을 관찰합니다. 즉, 정전기 현상을 발견한 것이죠. 전기의 영문명인 'electricity'가 그리스어로 '호박(electron)'을 뜻하는 단어에서 유래한 것도 이런 이유 때문입니다.

하지만 전기에 대한 관심이나 연구는 이후 2,000년이 넘도록 별 진전이 없었습니다. 정전기는 아주 간단하게 만들 수 있고 신기한 현상이었지만 그게 전부였습니다. 눈에 보이지도 않고 순간 나타났다가 사라지는 것이 신기한 느낌 외에 무얼 남길 수 있었을까요?

전기가 사람들의 뇌리에 확실히 자리매김하게 된 건 18세기 들어서였습니다. 이탈리아의 해부학자이자 생리학자 루이지 갈바니(Luigi Galvani, 1737~1798)는 개구리로 해부학 실험을 하다가 이상한 현상을 목격합니다. 우연히 두 종류의 금속을 연결해 죽은 개구리의 뒷다리 근육에 갖다 댔는데, 개구리 다리가 움찔하고 움직인 것이죠. 죽은 개구리가 움직였으니 처음에는 잘못 봤겠지 싶었는데, 몇 번을 반복해도 똑같은 결과가 나타나자 갈바니는 하나의 가설을 만들어냅니다.

> 개구리를 비롯한 동물들은 전기를 가지고 있는데, 여기에 전
> 기가 잘 통하는 금속 두 가닥을 갖다 대면 신경의 전기가 금
> 속을 타고 흘러나온다.

갈바니는 이 실험을 통해 생물체의 몸속에 '동물 전기'가 존재한
다고 주장합니다. 당시 갈바니의 주장은 많은 사람의 관심을 끌어서
개구리를 잡으러 습지로 나가는 것이 유행할 정도였습니다. 개구리
입장에서는 수난 시대였겠지요. 갈바니의 실험은 과학에 관심 있는
사람뿐 아니라, 동시대 사람들의 상상력을 자극했습니다. 대표적인
사람이 영국의 작가 메리 셸리입니다. 그녀는 죽은 개구리에 전기가
통하면 움직인다는 아이디어를 발전시켜 시체 조각을 연결하고 전
기 충격을 주어 되살린 괴물이 등장하는 소설을 씁니다. 지금도 많
은 작품들 속에서 변주되는 '프랑켄슈타인 박사의 녹색 괴물'은 이
렇게 탄생합니다.

같은 시기, 이탈리아의 물리학자 알레산드로 볼타(Alessandro Volta,
1745~1827) 역시 이 사실에 흥미를 느꼈습니다. 볼타는 갈바니의 실
험을 변형하는 과정에서 개구리 뒷다리 수축이 금속 막대의 종류에
따라 다르게 나타난다는 사실을 알아냅니다. 같은 종류의 금속 막대
두 개를 사용하면 개구리 다리는 꿈쩍하지 않았습니다. 죽은 개구리

의 다리가 꿈틀대는 건 서로 다른 종류의 금속 막대를 사용했을 때 뿐이며, 어떤 금속을 사용하느냐에 따라 개구리 뒷다리가 움직이는 정도도 달라진다는 사실을 알아냅니다. 만약 개구리 뒷다리에 포함된 전기가 금속을 타고 흐르는 거라면, 금속이 같은 종류여도 흘러야 하고, 그 정도도 일정해야겠지요. 그래서 볼타는 이 현상이 개구리 때문이 아니라, 개구리에 갖다 댔던 두 종류의 금속 때문이 아닐까 의심하게 됩니다. 전기 현상의 비밀이 개구리가 아니라 금속 막대에 있다고 주장한 것이죠. 이 때문에 볼타는 동물 전기설을 주장하는 갈바니와 대립하기 시작합니다. 이 논쟁의 1차 승자는 누가 되었을까요?

이 주장을 확인하는 방법은 간단합니다. 두 종류의 금속 막대 사이에 놓인 물체를 생명체가 아닌 것으로 바꿔도 여전히 같은 현상이 일어나는지 살펴보면 됩니다. 볼타는 구리 막대와 아연 막대 사이에 개구리 뒷다리 대신 소금물에 적신 천을 끼워도 여전히 전기 현상이 일어난다는 것을

©Luigi Chiesa

• 볼타전지 모형.

실험으로 증명합니다. 이렇게 소금물에 적신 천에 구리판과 아연판을 꽂아서 전기를 발생시키는 장치를 '볼타전지'라고 합니다. 이 볼타전지는 화학 전지와 일차 전지의 대표격으로, 전기를 이용할 수 있는 가능성을 제시한 최초의 전지입니다. 허공으로 흩어져버리기만 했던 전기를 붙잡을 방법을 처음으로 찾아낸 것이죠.

금속의 이온화 경향과 전지의 원리

천에 소금물을 적셔 서로 다른 금속판 두 개를 연결한 것이 어떻게 전기를 만들어낼까요? 원자는 양성자와 전자로 이루어져 있는데, 하나의 원자는 (+)를 띠는 양성자와 (-)를 띠는 전자가 같은 수로 이루어져 전기적으로 중성을 띱니다. 하지만 하나로 단단하게 뭉쳐 있는 양성자와 달리, 전자는 일종의 전자구름을 형성해 원자핵 주변을 떠돌고 있어서 종종 떨어져 나가기도 하고 몇 개가 추가되기도 합니다. 이렇듯 전자가 빠지거나 추가된 경우를 '이온 상태'라고 합니다. 전자가 떨어져 나가면 상대적으로 양성자의 수가 많아져 (+)를 띠므로 양이온, 반대로 전자가 추가되면 (-)를 띠어 음이온이라고 합니다. 이때 떨어져 나온 전자가 일정한 방향으로 이동하는 것을 '전기가 흐른다'라고 표현합니다.

　금속 원소 대부분은 전자를 방출합니다. 전자를 내보내면 (-)가

줄어드니 금속은 주로 (+)를 띤 양이온이 되지요. 그런데 금속마다 전자를 내보내는 경향이 조금씩 다릅니다. 다시 말해 금속마다 이온화되는 정도가 다르다는 거죠.

화학 시간에 주문처럼 외운 '칼카나마알아철……'이 바로 금속의 이온화 경향의 크기를 나타냅니다. 금속 중에 이온화 경향이 큰 쪽에서 작은 쪽으로 나열해보면, 칼륨/포타슘(K), 칼슘(Ca), 나트륨/소듐(Na), 마그네슘(Mg), 알루미늄(Al), 아연(Zn), 철(Fe), 니켈(Ni), 주석(Sn), 납(Pb), 구리(Cu), 수은(Hg), 은(Ag), 백금(Pt), 금(Au) 순입니다. 물질은 원소 상태보다 이온일 때 반응성이 커집니다. 마치 사람도 안정되었을 때보다 흥분했을 때 행동이 더 격해지는 것처럼요. 즉, 이온화 경향이 클수록 불안정하고 반응성이 크며, 이온화 경향이 작을수록 반응성은 낮고 일정합니다.

박물관에 전시된 고대 유물을 본 적 있나요? 철제 도구는 오랜 세월을 거치면서 풍화되고 마모되어 곧 바스라질 듯한 모습인데 비해, 금으로 만들어진 장신구는 수천 년의 세월이 무색하도록 화려하게 반짝입니다. 철은 이온화 경향이 높아 산소와 반응해 녹이 슬고 산화되기 쉽지만, 금은 이온화 경향이 낮아 오래도록 보존되기 때문이죠. 다시 말해 금이 오래도록 변치 않는 건 특별한 기운이 서려 있어서가 아니라, 그냥 원자 구조상 이온화 경향이 낮기 때문입니다.

다시 볼타전지로 돌아와볼까요? 소금물에 적신 천, 다시 말해 전해질 용액에 구리와 아연 막대를 넣어두면, 이온화 경향이 큰 아연

이 먼저 전자 2개를 내보내고 아연 이온(Zn^{2+})이 되어 용액에 녹아 나옵니다. 이때 두 금속을 전선으로 연결하면, 아연 원자에서 밀려난 전자들이 전선을 통해 구리판으로 이동하고, 구리판 근처 물속에 녹아 있던 수소 이온(H^+)은 전자를 받아 수소(H_2) 분자가 되어 공기 중으로 날아갑니다. 이렇게 아연 막대에서 전선으로 흘러간 전자들이 구리 막대 근처에서 계속 소모되니 전자들은 아연에서 구리 쪽으로 계속 흘러들어가게 되고, 일정한 전자의 흐름이 만들어집니다. 이를 가리켜 '전기가 흐른다'라고 합니다.

높은 곳에서 떨어진 물이 낮은 곳에서 떨어지는 것보다 더 세차게 흐르듯, 전극이 되는 두 금속 사이의 이온화 경향 차이가 클수록 전기는 더 많이 흐르게 됩니다. 이때 이온화 경향이 큰 쪽이 음극 (anode)이 되고, 이온화 경향이 작은 쪽이 양극(cathode)이 됩니다. 전자를 자꾸 '잃으니' 마이너스(-)이고, 전자를 자꾸 '얻으니' 플러스 (+)라고 기억하면 됩니다. 볼타는 이 현상을 발견하고 인위적으로 전기를 흐르게 하는 방법을 알아낸 덕분에, 훗날 전압을 나타내는 단위인 볼트(volt, V)에 자기 이름을 남깁니다.

볼타는 자신이 만든 전지를 통해 전류가 생성되는 것을 확인하고, 이 금속판을 전선으로 연결해 전류를 빼낼 수 있다는 것까지 증명합니다. 초등학교 시절, 누런색(구리판)과 회색(아연판) 금속판에 꼬마전구를 연결해 불을 켜는 실험이 바로 볼타전지의 원리를 이용한 것이었지요. 그전까지 전기는 번개나 정전기처럼 만들어졌다가 허공으로 사라지는 힘으로 여겨져서, 전기를 이용하는 일은 불가능하다고 생각했습니다. 하지만 볼타의 실험이 성공하면서 전기를 원하는 시간에 인위적으로 만들어낼 수 있다는 것이 증명되었지요.

이후 전기를 발생시키는 장치, 즉 전지의 개념이 등장하면서 다양한 전지가 개발되기 시작합니다. 초기의 전지는 볼타전지를 기본으로 하는데, 소금물 대신 묽은 황산 용액에 구리판과 아연판을 꽂아서 만들었습니다. 이 전지는 만들기는 쉽지만 황산 용액을 이용하는 액체 전지(wet cell)인 탓에 이동하거나 보관하기가 어려웠고, 전지를 사용하지 않아도 아연판이 계속 산화되어 전력의 낭비가 심했습니다. 이를 개선한 것이 1886년 독일의 카를 가스너(Carl Gassner, 1855~1942)가 아연 원통에 이산화망간과 석고 반죽처럼 생긴 전해질을 채워 만든 '마른' 전지입니다. 이 전지는 액체를 쓰지 않아 'dry cell'이라 불렸고, 여기서 '건전지(乾電池)'라는 말이 나왔습니다. 이후 전지는 발전을 거듭해 알카라인 건전지, 니켈-철 전지, 수은 전지, 리튬 전지 등 다양한 모습으로 등장합니다.

 ## 다양한 모습으로 담기는 배터리

일상에서는 여러 전지가 쓰입니다. 다양하지만 크게 일차 전지와 이차 전지로 나뉩니다. 일차 전지란 전기를 모두 소모하면 다시 쓸 수 없는 일회용 전지를 말하고, 이차 전지는 다 써도 충전해서 다시 쓸 수 있는 전지를 말합니다. 흔히 쓰는 1.5v짜리 알카라인 건전지는 일차 전지이고, 휴대폰 배터리에 많이 쓰이는 리튬 전지는 이차 전지입니다. 일차 전지와 이차 전지를 가르는 기준은 전류를 발생시키기는 화학 반응이 일방통행이냐 쌍방통행이냐입니다. 일차 전지는 재사용할 수 없다는 문제는 있어도, 값이 싸고 자연 방전량이 적어 적은 양의 전기를 오랫동안 쓸 때는 오히려 유리합니다. 반면, 이차 전지는 다시 사용할 수 있어 경제적이지만, 초기 가격이 비싸고 사용하지 않아도 저절로 방전되는 양이 많아 자주 충전해야 하는 단점이 있습니다.

일단 전기를 손에 쥐게 되자, 인류 문명은 전기에 급속도로 의존하기 시작합니다. 이제는 전기가 없는 삶을 상상조차 하기 어렵습니다. 데이비드 켑 감독이 만든 1996년 영화 〈트리거 이펙트〉는 전기에 의존하는 현대인의 모습을 극명하게 보여줍니다. 이 영화는 '갑자기 모든 전기가 끊기면 어떤 일이 벌어질까?'라는 단순한 질문에서 시작합니다. 어느 날 도시 전체가 정전됩니다. 아픈 아이를 데리고 병원에 들렀다가 약국에 간 아빠는 전기가 나가 처방전을 볼 수 없으니 약을 주지 못한다는 약사의 말을 듣습니다. 고열에 시달리는 아이를 보다 못한 아빠는 약을 훔쳐 달아납니다. 전기가 나가 경보 장치도 무용지물이 되었거든요. 이 영화는 전기가 끊어진 도시에서 점점 잔인한 본성을 드러내는 사람들의 모습을 여과 없이 보여줍니다. 암흑천지가 된 도시와 멈춘 교통신호가 불러온 교통대란, 정수장 설비 고장으로 인한 수돗물 단수, 가스 공급 중단, 상점 폐쇄, 의료 기기 작동 정지, 치안 및 비상 출동 등 사회 시스템의 마비로 사회는 극심한 혼란에 빠집니다. 공포에 질린 사람들은 서로를 공격하고 남아 있는 물품을 확보하기 위해 안간힘을 쓰며 파멸의 길로 들어서고요. 이 모습을 보고 있노라면 전기가 흐르는 세상에 살고 있다는 게 그렇게 고마울 수 없습니다.

이러한 도시의 대정전 사태를 '블랙아웃(Blackout)'이라고 하는데, 가장 유명한 건 2003년 8월 14일, 뉴욕을 포함한 미국 동부와 캐나다 일부 지역 7개 주에서 일어난 대정전 사태입니다. 당시 한여름 폭염으로 전기 사용량이 최고로 치솟았고, 이 때문에 일어난 발전소 설비 고장이 이웃 발전소에 연쇄적으로 부담을 안기면서 정전이 사흘간 이어집니다. 이 정전으로 미국이 입은 손해는 대략 60억 달러(한화 7조 원)로, 사흘간의 대가치고는 꽤 뼈아픈 것이었습니다. 우리나라에서도 기록적인 늦더위가 갑자기 찾아온 2011년 9월 15일, 전국적인 규모의 정전 사태가 발생했습니다. 500여 명의 사람들이 승강기에 갇히고, 예비 전력 시스템이 없는 중소 생산 공장들은 가동이 멈춰 손해를 보았습니다. 목동 야구장에서는 경기가 중단되는 소동이 벌어지기도 했지요.

이렇듯 현대 문명은 전기 없이는 돌아가기 힘듭니다. 그래서 전기를 안정적으로 공급하고 오랫동안 쓸 수 있도록 담아두는 기술이 계

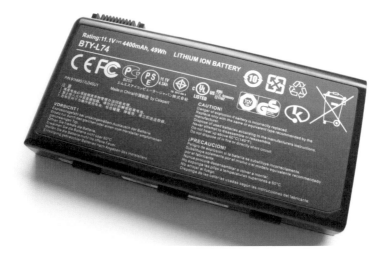

• 휴대용 전자 기기에 많이 사용되는 리튬 이온 전지.

속 연구되었습니다. 특히 환경오염의 대안으로 주목받는 전기 자동차는 전기를 담아 쓰는 기술의 비약적인 발전 없이는 불가능한 발명품입니다. 요즘 가장 널리 쓰이는 리튬 이온 전지는 리튬 이온이 음극에서 양극으로 이동하며 전기를 생성합니다. 충전을 하면 리튬 이온이 양극에서 음극으로 다시 이동하지요. 리튬 이온 전지는 에너지 밀도가 크고 기억 효과가 없어 관리가 쉬우며, 사용하지 않아도 전기 손실이 적어 스마트폰과 노트북 등 휴대용 전자 기기에 많이 사용되고 있습니다. 최근에는 전기 자동차에도 적용되고 있지요

이 밖에도 다양한 전지가 차세대 전지로 떠오르고 있는데요. 스스로 전력을 만들어내는 태양열 전지, 특히 바나듐이나 나트륨을 이용한 액체형 전지가 다시 주목받고 있습니다. 전기 자동차의 가장 큰

단점은 전지를 충전하는 데 걸리는 시간입니다. 리튬 이온 전지는 충전하는 데 일정 시간이 필요하기 때문입니다. 연료 탱크에 석유 연료를 부어주기만 하면 끝나는 지금의 자동차에 비하면 충전 시간이 길죠. 그래서 액체형 전지가 다시금 각광을 받고 있습니다. 액체형 전지는 방전되면 액체를 빼내고 미리 충전해둔 액체 전지를 넣어주기만 하면 되니 지금처럼 충전하느라 기다릴 필요가 없습니다.

생물을 이용한 생물 전기형 전지도 있습니다. 몇 년 전, 영국 웨스트잉글랜드 대학 연구팀은 소변을 원료로 하는 미생물 연료 전지를 개발했습니다. 이 전지 안에는 소변의 유기물을 먹이로 삼는 미생물이 들어 있고, 이 미생물이 유기물을 분해할 때 나오는 전자를 이용해 전기를 생산합니다. 연구팀은 영국의 음악 축제 '글래스턴베리 페스티벌'이 열리는 곳 화장실 조명에 이 전지를 설치했는데, 5일 동안 한 번도 꺼지지 않았다고 합니다.

공중으로 사라지는 번개를 붙잡아 손안에 가둔 사람들은 이를 더 오래, 더 안정적으로, 더 편리하게 이용하기 위한 방법을 끊임없이 고안해냈고, 지금도 계속 노력하고 있습니다. 개구리 뒷다리에서 시작된 꿈틀거림이 앞으로 어떻게 변해갈지 지켜보는 일도 매우 흥미롭겠지요?

배터리를 충전하는 다양한 방법들

배터리는 전기를 들고 다니면서 쓸 수 있게 만들어주어 매우 유용합니다. 하지만 그 배터리도 소모되면 충전이 필요하니 다시 전기를 찾아 헤매야 합니다. 특히 전력 수급이 충분하지 않은 곳이라면 더 곤란하겠죠. 군인의 경우 충전이 여의치 않는 지역이나 시간대에 활동하는 경우가 많은데, 현대전에서는 통신기기, GPS, 각종 첨단 무기 등 개인용 장비가 점점 늘어나 이 문제가 더 심각해지고 있습니다.

이에 미 육군의 시스템 엔지니어인 노엘 소토에 따르면 72시간 작전 기준으로 개인이 휴대해야 하는 배터리 무게가 7~9kg까지 늘어난 상황이라고 합니다. 가뜩이나 장비도 무거운데 배터리 무게까지 상당해 문제가 될 수 있지요. 이를 해결하기 위한 방법 중 하나가 바이오닉 파워(Bionic Power)에서 개발한 파워 워크(Power Walk)입니다. 이것을 입고 행군하면 땅을 밟는 힘과 마찰 에너지를 전기에너지로 바꿉니다. 제 조사에 따르면 1시간 정도만 행군해도 일반적인 스마트폰 4대를 충전할 수 있다고 하네요.

태양을 이용하는 방법도 있습니다. 이미 태양광 충전기는 시중에도 나와 있습니다. 가장 흔하고 풍부한 에너지가 태양광이기도 하고요. 하지만 태양광 충전기의 충전 비율은 면적에 비례하기 때문에 넓게 펼쳐지는 형태여야 하고 이 때문에 휴대성이 떨어집니다. 그래서 최근에는 태양광 충전 패널을 박막 형태로 아주 얇게 만들어 평소에는 돌돌 말아서 가지고 다니다가 필요할 때 펼쳐서 사용하는 방식으로 개발되고 있습니다.

또 초소형 풍차도 있습니다. 텍사스대 알링턴 캠퍼스의 전기공학부 교수 스미사 라오와 연구팀이 만든 마이크로 풍차는 크기가 겨우 1.8mm에 불과하지만, 풍력 발전기처럼 움직이면서 전기를 생산해낼 수 있는 초소형 발전기입니다. 상용화된다면 바람 부는 곳에 놓아두거나, 자동차 등에 미리 수천 대를 부착하고 달리는 것만으로도 충전이 가능하겠죠.

배터리 자체를 성능 좋은 것으로 교체하는 방법도 있습니다. 현재 대부분의 배터리는 리튬 이온을 이용한 리튬 배터리인데요. 전지 재료로 사용할 수 있는 금속 중에서 리튬은 가장 가벼우면서 전기화학적 표준 전극 전위가 가장 낮은 물질입니다. 그러나 리튬은 화학적으로 반응성이 매우 큽니다. 위험물 관리법상 3류 위험물로 자연발화성 물질 및 금수성물질(禁水性物質)로 분류되어 있습니다. 즉, 공기나 수분과 접촉하면 자연발화하거나 가연성 가스를 만들며 폭발적으로 연소할 가능성이 있는 물질이라는 것이죠. 따라서 리튬 배터리는 강한 충격을 받으면 폭발할 수도 있고, 용기가 깨져 내용물이 흘러나오면 다른 물질을 부식시킬 위험성도 있습니다.

그래서 최근에는 리튬 배터리를 대신할 배터리를 개발하는 연구도 진행되고 있습니다. 그중 하나가 기존의 리튬 배터리보다 출력을 1만 배

이상 확장시킨, 일명 '마이크로 슈퍼커패시터(Micro-SuperCapacitor)'입니다. 차세대 전자 소자로 각광받고 있는 그래핀＊을 나뭇잎 줄기 구조로 만들어 이온 이동 경로를 최대한 짧게 해 에너지 밀도를 증가시킵니다. 이렇게 하면 출력 밀도가 1만 배 이상 높아집니다. 현재와 같은 용량의 배터리를 만들 경우 출력이 1만 배 이상으로 높아진다는 것이니, 배터리의 소형화가 가능하겠죠. 또 그래핀의 특성상 기존 배터리와 달리 접거나 구부릴 수 있어 휘어지는 착용형 컴퓨터 등을 개발할 때도 큰 도움이 될 것으로 보입니다. 앞으로 우리 아이들은 충전할 때 콘센트를 찾는 게 아니라, 대낮에 외골격 수트를 입고 달리기를 하게 되지 않을까요?

05

스스로 진화시키는 인간,
인체를 둘러싼 다양한 시도들

 사람과 사람을 잇다

지난 2011년 남아프리카공화국의 육상 선수 오스카 피스토리우스는
이탈리아 리냐노 사비아도로에서 열린 국제육상대회 남자 400m 경
기에서 45초 07을 기록했습니다. 그는 국제육상경기연맹(IAAF)의 A
기준 기록(45초 25)을 통과해 2012 런던올림픽에 출전 가능성이 열
렸습니다. 비록 피스토리우스가 세운 기록은 세계 신기록인 마이클
존슨의 43초 18에는 못 미쳤지만, 사람들을 놀라게 하기에는 충분했
습니다. 왜냐고요? 피스토리우스는 두 다리 대신 의족을 달고 뛰는
장애인 스프린터였기 때문입니다! 아쉽게도 그는 런던올림픽에 출
전하지 못했지만, 대구에서 열린 국제육상대회에는 출전해 비장애

인들과 나란히 달렸답니다.

　의족을 신고 달려서 올림픽에 나갈 만큼 빠른 기록을 세운 것도 놀라운데, 더 놀라운 건 이 결과를 둘러싼 논란입니다. 논란의 초점은 장애를 이겨낸 인간 승리의 주인공 피스토리우스에 대한 것이라기보다는, 그의 출전이 일반 선수에 대한 '역차별'이 아니냐는 것에 맞춰졌습니다. 의족을 신고 달리는 것이 일반 선수보다 유리하다는 지적도 나왔습니다. 피스토리우스는 치타의 다리를 닮은 의족 '플렉스 풋 치타'를 사용하는데, 사람의 다리보다 무게도 가볍고 탄성이 강해 오히려 유리할 수 있다는 지적이 나온 겁니다.

　피스토리우스는 스포츠중재재판소(CAS)에 제소했고, CAS는 "의족이 기록 향상에 유리하다는 명백한 증거가 없다"면서 피스토리우스의 손을 들어주었습니다. 그러나 미국 생리학회 학술지 「응용 생리학 저널」이 "탄소섬유 재질로 만들어진 의족을 신고 400m 경기에 나설 경우 기록 단축 가능성이 있다"고 분석한 논문을 게재하면서 논란은 더욱 뜨거워졌습니다. 과연 탄소 강화 소재로 만들어진 가벼운 의족을 착용한 장애인 스프린터는 비장애인 스프린터보다 더욱 유리할까요?

　피스토리우스는 한때 인간의 위대함을 드러내는 살아 있는 증거였지만, 이후 살인 사건의 범인으로 수감되어 지금은 경기에 출전하지 못하고 있지요. 비록 불미스러운 사건으로 그 이름은 세상에서 지워지고 있지만, 의족을 달고 비장애인 선수들보다 앞서 달리던 모습은 아직도 많은 이에게 감동을 주고 있습니다. 이처럼 신체 일부를 다른 신체로 대치할 수 있고, 심지어 원래의 몸보다 뛰어나다면 우리는 이 상황을 어떻게 받아들여야 할까요?

몸을 갈아 끼우는 것이 가능하다?

1954년 12월 23일, 미국 브리검 여성 병원에서는 의사 여러 명이 무언가를 초조하게 기다리고 있었습니다. 그들이 간절히 기다리는 건 다름 아닌 환자의 소변이었습니다. 도대체 이들은 왜 이런 행동을 하고 있었던 걸까요? 사실은 지금 막 신장 이식 수술을 마치고 결과를 기다리는 중이었습니다. 만약 환자가 이식받은 신장이 제대로 기능한다면 열심히 피를 걸러내고 노폐물을 뽑아 소변을 만들어낼 테니까요.

1954년 미국의 의사 조지프 에드워드 머리(Joseph Edward Murray, 1919~2012)는 일란성 쌍둥이에게 신장 이식 시술을 성공시키면서 장기이식의 시대를 연 장본인이 되었습니다. 하지만 머리도 알고 있었습니다. 그가 해낸 장기이식은 절반의 성공이었다는 것을요. 이번 이식 수술의 기증자와 수혜자는 일란성 쌍둥이였기 때문에 성공했지만, 그렇지 않으면 장기이식은 여전히 불가능한 일이었습니다. 겉으로는 똑같아 보이는 장기가 왜 타인의 몸에 들어가면 문제를 일으키는 걸까요? 1960년 프랑스의 면역학자 장 바티스트 도세((Jean Baptiste Gabriel Dausset, 1916~2009)가 백혈구, 즉 면역 세포 항원의 차이가 거부반응을 일으키는 결정적 요인이라는 사실을 밝혀냅니다. 우리 몸의 면역 세포는 외부에서 유입되는 물질을 '적'으로 규정하고 이를 거부하는 기능을 하는데, 이것이 타인의 장기를 거부하는 주요 요인임을 알게 된 거죠.

면역 세포의 구별 능력 때문에 장기이식이 어렵다는 사실을 알게 된 사람들은 면역 세포를 속일 수 있는 방법을 연구하기 시작합니다. 첫 번째는 수여자의 면역 세포 항원 타입과 비슷하게 일치하는 기증자를 찾는 것이고, 두 번째는 면역 세포를 약화시키는 면역억제제를 찾는 일입니다. 그리고 드디어 1972년, 스위스 제약회사가 '톨리포클라디움 인플라툼(Tolypocladium inflatum)'이라는 이름의 곰팡이로부터 효과 좋은 면역억제제인 사이클로스포린을 찾아내면서 장기이식은 인류에게 새로운 희망으로 떠올랐습니다.

현재는 신장, 간, 심장, 폐, 췌장, 소장 등 내장 기관뿐만 아니라, 각막과 골수(조혈모세포)를 비롯해 피부, 뼈, 인대, 아킬레스건, 혈관, 연골, 판막, 근막 등 인체 조직도 이식이 가능합니다. 심지어 최근에는 단일 장기가 아닌 손과 다리, 얼굴, 자궁과 음경 이식도 성공했다는 보고가 있습니다. 총기 사고로 얼굴의 대부분을 잃은 리처드 리 노리스는 기증자의 얼굴을 이식받아 새로운 얼굴을 갖게 되었습니다. 스웨덴에서는 자궁이 없는 여성에게 자궁을 이식해 직접 아기를 낳

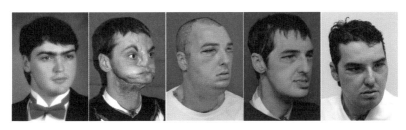

• 안면 이식 수술을 받은 노리스의 모습. 왼쪽부터 원래 모습(1997)−사고 후 모습−안면 이식 수술 직후(2012)−수술 후 안정기−현재(2016).

아 기를 수 있는 소중한 경험을 선사했습니다.

이렇게 인체 장기 및 조직 이식이 발달하면서 사람들에게는 새로운 희망이 생겼습니다. 전에는 심각한 질병에 걸려 장기의 기능을 잃거나 사고로 신체의 일부를 잃으면, 그대로 죽음을 맞이하거나 심각한 장애를 가진 채 평생을 살아야 했습니다. 그러나 이제는 새 인생을 얻거나 삶의 질을 높일 수 있는 길이 열린 것입니다. 인류가 과학의 발달로 얻은 새로운 가능성이었습니다. 하지만 기술의 등장과 함께 새로운 문제도 생겨납니다.

바로 면역 거부반응으로 인한 다양한 문제들입니다. 장기이식 환자들은 대부분 거부반응을 억제하기 위해 평생에 걸쳐 면역억제제를 복용해야 합니다. 하지만 면역억제제의 부작용도 만만치 않은 데다가, 면역억제제가 불러온 면역력 저하로 감염성 질환에 취약해지는 일이 벌어집니다. 그래서 남은 시간을 주의하면서 살아가야 하지요. 이런 부작용이나 감염 위험이 너무 커서, 생명에 직접적인 영향을 주지 않는 사지나 자궁 이식이 과연 윤리적으로 정당한지에 대한 논란도 있습니다. 과연 삶의 질을 개선하려고 목숨이 위험할 수도 있는 치료를 해도 괜찮을까요?

하지만 장기나 조직 이식의 근본적인 문제는 다른 데 있습니다. 기본적으로 우리 몸은 하나의 통합된 전체인데, 이식 기술이 발달하면서 신체의 일부는 고장 나면 타인의 몸으로 바꿔 끼울 수 있는 일종의 부품이 되었습니다. 대체할 부품 하나가 망가졌다고 전체를 버리지 않듯이, 일부 장기나 조직의 문제로 목숨을 잃는 것을 이제는 사람들이 받아들이기 어려워합니다. 그러니 여기서 경제학적인 문제가 발생합니다. 바로 수요공급의 법칙이라는 자본주의 사회의 기본 개념이지요. 이식용 장기는 수요가 많지만 공급이 턱없이 부족합니다. 이런 경우에는 공급을 늘리거나 수요를 줄여서 균형을 잡아야 합니다. 하지만 특성상 장기는 공급을 획기적으로 늘리기가 어려우니 현실적으로 수요를 조절하는 방식이 주로 이용되지요. 그러나 이 분야에서 수요 조절이란 결국 생명의 위중도를 비교하는, 본의 아니게 서글픈 일이 되고 맙니다. 우리나라는 질병관리본부 장기이식관리센터에서 이식 수술 대상자의 순위를 정해놓고, 가장 위독한 환자부터 순차적으로 이식 순서를 정해줍니다. 하지만 끝내 기증자를 찾지 못해 사망하는 안타까운 사연도 많습니다. 그래서 자연스럽게 사람들은 부족한 공급량을 채워줄 대체 장기의 개발에 관심을 가지게 되었습니다.

사람과 다른 생명체를 잇다

사람에게 동물의 장기를 이식하는 것을 종을 건너뛴 이식이라는 뜻에서 '이종이식(異種移植)'이라고 부릅니다. 이종이식이 본격적으로 관심을 끌기 시작한 시기는 1960년대로, 당시에는 바분원숭이나 침팬지 같은 영장류가 주로 이용되었습니다. 사람과 가장 가까운 종이니 대치할 대상으로 가장 적합하다고 생각했기 때문이죠. 하지만 결과는 그리 좋지 못했습니다. 침팬지나 바분원숭이의 신장을 이식받은 환자 12명 중 대부분은 수일에서 한 달 내에 사망했습니다. 이후 면역억제제가 개발된 1980년대 들어서도 영장류의 심장과 간을 사람에게 이식하는 시도가 간간이 있었지만, 대개는 결과가 좋지 못했습니다. 실제로 바분원숭이의 심장을 이식받은 아기는 26일만 생존했고, 간을 이식받은 환자들은 20일에서 70일까지 생존하는 데 그쳤습니다. 인간끼리 간 이식을 하면 5년 생존율이 65~70% 정도이고, 신장 이식은 15~20년을 더 살 수 있는 것에 비하면 매우 저조한 결과입니다.

예외가 단 한 건 있습니다. 1963년 침팬지의 신장을 이식받은 환자가 9개월 동안 생존했던 사례인데요. 거의 기적에 가까운 일입니다. 이외에는 환자가 수개월 이상 생존한 사례는 없지요. 이런 현상이 일어나는 이유는 당연히도 동물과 인간의 조직 적합성이 달라 일어나는 극심한 면역 거부반응 때문입니다. 같은 종에 속하는 사람의

간 이식에서도 면역 거부반응으로 장기이식 실패 사례가 종종 나타납니다. 그러니 동물의 장기를 인간에게 이식하는 경우 얼마나 심한 거부반응이 일어날지 짐작하고도 남습니다.

따라서 이종이식은 중국 의료진이 폭죽놀이로 각막 화상을 입어 시력을 잃은 소년에게 돼지 각막을 이식해 시력을 회복시킨 사례를 비롯한 몇몇 각막 이식 사례를 제외하고는 실제 적용되지는 않았습니다. 안구 가장 바깥쪽에 위치한 각막은 빛을 투과시켜야 하므로 매우 투명합니다. 그 투명함을 유지하려 혈관이 분포하지 않아 면역 세포가 없고 거부반응도 거의 일어나지 않습니다. 사람의 경우에도 각막 이식은 조직적합성을 따지지 않고 기증자만 있으면 바로 이식이 가능한 부위입니다. 따라서 각막은 이종이식 장기 중에서도 가장 성공 가능성이 높다고 예상합니다. 하지만 여타 장기는 직접 이식이 불가능하므로, 과학자들은 돼지의 수정란에 유전자 조작을 시도해 거부반응을 줄인 '장기이식용 돼지'의 개발을 연구 중입니다.

초기와는 달리 최근 동물 장기이식에 이용되는 동물은 영장류가 아니라 돼지입니다. 동물 장기이식을 할 때 대상 동물로 보통 돼지를 먼저 떠올립니다. 왜 하필 돼지일까요? 돼지가 사람과 가장 비슷해서일까요? 실제로 초기에 영장류를 이용했던 건 영장류가 사람과 비슷했기 때문입니다. 하지만 사람과 비슷하다 보니 그게 또 문제가 되었습니다. 영장류는 사람처럼 한 번에 한 마리의 새끼만 낳고 임신 기간(침팬지 기준 약 8개월)도 긴 데다가 연달아 번식이 어렵고 성장하는 데 시간이 많이 걸려서 시간과의 싸움인 이식 현장에는 적합하지 않습니다. 게다가 사람과 지나치게 비슷하게 생긴 탓에 사회적 거부감도 높고, 종간 바이러스 전염 가능성도 높아 안전하지 못합니다. 반면 돼지는 임신 기간(약 114일)이 짧고, 한 번에 열 마리 이상의 새끼를 낳으며 생후 8개월이면 번식이 가능할 정도로 성장도 짧습니다. 번식 주기도 짧아서 1년에 2회 이상 번식이 가능합니다. 또한 돼지는 사람처럼 잡식성이라 장기 모양이 사람과 가장 비슷하고, 오랜 연구로 인해 형질전환 무균사육이 가능할 뿐 아니라 도살에 대한 거부 반응도 적은 편입니다.

물론 이종이식이 항상 장밋빛인 것만은 아닙니다. 인간의 안위를 위해 동물을 마구 이용하는 윤리적인 문제는 제쳐두고라도, 이종이식으로 우리가 알지 못하는 바이러스나 미생물에 노출될 위험이 있기 때문입니다. 유인원의 장기를 이식받은 사람의 몸에서 유인원에게만 발견되는 바이러스가 검출된 적이 있었습니다. 종을 뛰어넘는 바이러스의 이동은 매우 위험합니다. 20세기 초 돼지에서 유래되었다고 알려진 '스페인 독감'으로 전 세계에서 최소 2,000만 명에서 최대 1억 명이 사망한 기록이 있고, 가깝게는 지난 2015년 낙타에게서 옮겨 왔다고 알려진 '메르스 바이러스(중동호흡기증후군)'로 국내에서만 수십 명의 사망자를 낸 뼈아픈 경험이 있습니다.

아직까지 이종이식으로 인한 질병 가능성이 모두 밝혀진 건 아니지만, 안전성에 관해서는 아직 물음표 상태입니다. 한때 면역 거부

반응과 이종이식의 문제점에 대한 대안으로 체세포 복제를 통한 줄기세포 연구가 각광을 받기도 했습니다. 실제로 사람의 몸 자체가 단 하나의 세포인 수정란에서 유래되었다는 것을 생각하면, 나와 동일한 유전자 타입을 갖춘 수정란을 복제하고 여기서 줄기세포를 얻어 원하는 장기로 분화시킨다는 생각은 매우 매력적인 대안으로 여겨졌습니다. 하지만 이 방법은 윤리적 논쟁과 함께 잇따른 결과 조작과 허위 사실 발표로 실현 가능성을 의심받게 만들었습니다. 이후 연구는 논란이 많았던 체세포 복제 배아 줄기세포 대신, 성인의 골수 등에서 추출한 성체 줄기세포나 세포의 분화 사이클을 역으로 되돌린 역분화 줄기세포 연구로 가닥이 모아지고 있습니다. 하지만 현재까지 간이나 심장 같은 중요 고형 장기를 만들어 실제 이식에 성공했다는 발표는 나오지 않았습니다.

 ## 사람과 기계를 잇다

안데르센의 동화 「빨간 구두」에서 화려한 빨간 구두에 정신이 팔려 자신을 돌봐준 할머니를 저버린 카렌은 죽을 때까지 춤을 추는 저주를 받게 됩니다. 멈출 수 없는 춤을 추며 고통 받던 카렌은 우연히 만난 나무꾼에게 차라리 두 발을 잘라달라고 애원합니다. 그렇게 빨간 구두는 카렌의 두 발을 담은 채 춤을 추며 어두운 숲속으로 사라졌

• 인공 다리를 만든 휴 허 박사(왼쪽)와 그의 다리로 춤추는 무용수 아드리안(가운데).

고, 카렌은 나무꾼이 만들어준 의족을 달고 힘겹게 몸을 끌며 남은 인생을 살아갑니다. 그래도 카렌은 빨간 구두를 신고 마음껏 춤추던 그 시간을 언젠가 다시 그리워하지 않을까요?

카렌과는 다르지만, 불행한 사고로 자신만의 빨간 구두를 잃어버리고 절망에 빠진 사람이 있었습니다. 2013년, 스물세 살의 여성 아드리안은 보스턴 마라톤 폭탄 테러 때 왼쪽 다리를 잃는 불행을 겪습니다. 하지만 그녀가 잃은 것은 다리만이 아니었습니다. 무용수였던 아드리안에게는 춤을 추며 살아온 시간뿐 아니라 앞으로 춤추며 살아갈 날들을 잃은 것과 마찬가지였습니다. 하지만 그녀에게는 부드럽고 유연하게 움직일 수 있는 '새로운 다리'를 만들어줄 21세기 나무꾼이 있었지요. 사고 후 1년, 그녀는 21세기형 빨간 구두를 신고 무대에 올라 멋지게 춤을 추면서 비록 다리는 잃었어도 꿈만큼은 아직 사라지지 않았다는 것을 보여줍니다.

그녀가 신은 '21세기형 빨간 구두'의 정체는 미국 MIT의 생체공학 전문가인 휴 허 교수 팀이 개발한 생체공학 의족, 일명 '스마트 의족'입니다. 허 교수는 단순히 공간을 대체하는 기존의 의족이나 의수를 실제 신체처럼 '진짜로 움직이고 기능'하도록 만들어내고 있습니다. 또 스스로도 스마트 의족의 최초이자 최고의 소비자이기도 합니다. 허 교수도 1980년대 등반 사고로 두 다리를 잃었지요.

기계로 잃어버린 사지의 기능을 대신하는 사람들은 또 있습니다. 고압 전류에 감전되어 한쪽 손을 잃은 요리사 에두아르도 가르시아는 영국의 터치 바이오닉스사가 개발한 생체공학 의수의 도움을 받아 주방으로 복귀할 수 있었습니다. 이 생체공학 의수는 단순히 잡는 것뿐 아니라 쥐고 누르고 주무를 수도 있으며 강도도 조절할 수 있습니다. 가르시아는 자신이 이름 붙인 '다스베이더 팔' 덕분에 날카로운 칼날에 베일 위험도 없고 뜨거운 기름이 튀어 화상을 입을 염려도 없어 더욱 도전적인 요리를 할 수 있게 되었다고 말합니다. 이처럼 단순히 외형만 흉내 내지 않고 기능까지도 대치하는 신체 보조 장비의 개발이 이루어지고 있습니다. 최근에는 사지 마비 환자들을 위해 신체에 덧붙여서 근육의 힘과 기능을 증폭시키는 '착용 로봇'에 대한 연구도 활발하게 진행되고 있습니다.

기계로 만든 신체가 팔다리의 물리적 기능만 흉내 내는 것은 아닙니다. 심장의 기능을 대신할 수 있는 인공 심장도 개발되어 실제 환자에게 이식되고 있습니다. 시각 정보를 디지털 스팟으로 바꾸어 후

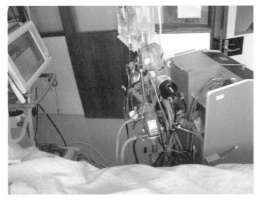

©Smile111222

• 취리히 연방 공대에서 개발한 인공 심장.

두부에 위치한 대뇌 시각 피질에 직접 전달하는 '바이오닉아이' 등 시각 대체 기계들도 개발되고 있습니다. 청신경에 직접 전기 자극 장치를 연결해 소리를 듣게 하는 보조 장치인 인공 와우는 1988년 국내에 처음 도입된 이래 2013년 기준으로 우리나라에서만 7,500명이 넘는 사람에게 도움을 주고 있습니다. 이 밖에도 아직 생체 내부에 삽입할 만큼 작아지지는 않았지만 신장 질환을 앓는 환자가 장기 이식이 가능할 때까지 버티게 해주는 인공 혈액투석기나, 심장과 폐의 기능을 동시에 수행하는 에크모(ECMO)도 신체의 생리적 기능을 대신해주는 기계입니다.

생명체는 수십억 년의 진화 과정을 통해 시간과 자연이 빚어낸 정교한 존재이므로 이를 당장 완벽하게 대치하는 것은 당연히 어렵습니다. 하지만 사람들은 조직과 기관의 특성과 기능을 분석해 이를 물리적으로 대체하는 방법을 찾아내고 있습니다. 기계로 만들기 어려운 다양성을 지닌 조직들, 예를 들어 거미줄같이 얽힌 조직 내 혈관이나 신경망은 3D 프린터와 바이오 잉크를 통해 통째로 찍는 방식으로 접근하고 있습니다. 늘 그랬듯이 인간의 강렬한 욕망과 자유롭게 움직이는 두 손은 꽤 많은 것을 해내기에 미래가 궁금해집니다. 스스로의 몸을 직접 디자인하는 인간이라니, 기존에는 생각할 수도 없는 일입니다.

그런데 이런 사회가 도래하기 전에 먼저 합의해야 할 사항들이 있습니다. 인공 신체의 적용 과정에서 일어나는 많은 윤리적·관습적·법적 문제들이죠. 예를 들어 타인의 팔을 부러뜨리면 폭행죄와 상해죄로 처벌받겠지만, 만약 그 팔이 다른 것으로 바꿔 끼울 수 있는 의수라면 어떨까요? 그래도 상해죄가 성립될까요, 아니면 기물파손이나 재물 손괴죄로 받아들여야 할까요? 보통 주먹보다 단단한 인공 손으로 타인을 때릴 경우, 어차피 신체의 일부이니 동일하게 폭행죄로 처벌해야 할까요, 아니면 특수폭행죄로 가중처벌을 내려야 할까요? 이런 법적 문제부터 인공 신체의 기능적 우수성에 대한 사회적 합의 문제, 비싼 가격으로 인한 경제적 문제, 생물학적 몸에 대한 관념 붕괴로 인한 혼란과 윤리 문제, 인공 신체의 등급화에 따른 양극화 문제 등 기술이 도입되기 전에 미리 살펴보고 합의해야 할 다양한 문제가 줄줄이 늘어서 있습니다. 타고난 몸이 죽을 때의 몸과 달라질 수도 있는 시대, 여러분은 어떻게 생각하시나요?

06

갈라테이아에서 안드로이드까지, 인조인간의 진화

 ## 사람을 닮은 피조물

그리스 신화의 뛰어난 장인 피그말리온은 자신이 상아로 만든 여인 조각상과 사랑에 빠지고 맙니다. 날이 갈수록 커져가는 피그말리온의 마음을 불쌍히 여긴 사랑과 미의 여신 아프로디테는 신의 권능으로 피그말리온에게 선물을 내립니다. 바로 그 여인상에 생명을 불어넣어 매끄러운 상아빛 피부를 가진 살아 있는 여인으로 변신시켜준 것이죠. 피그말리온은 자신이 만들고 여신이 숨결을 불어넣은 이 여인에게 갈라테이아라는 이름을 붙여줍니다.

사람들은 오래전부터 자신을 닮은 존재를 만들어냈습니다. 하지만 그렇게 만든 피조물이 스스로 움직이는 건 또 다른 이야기였지

・ 자케 드로가 수천 개의 부품으로 만든 복잡하고 정교한 자동인형.

요. 이런 신화 같은 상상을 부분적으로나마 실현시킨 사람이 피에르 자케 드로(Pierre Jaquet-Droz, 1721~1790)입니다. 스위스 출신의 뛰어난 시계 장인이었던 자케 드로는 태엽을 달아 사람의 행동을 흉내 내는 인형을 만드는 데 성공합니다. 자케 드로가 만든 인형은 스스로 움직이는 '자동인형'을 뜻하는 오토마타(automata)라고 불렸습니다. 오토마타는 우리가 생각하는 로봇의 먼 조상 격이지만, 아직 '로봇'이라는 단어는 만들어지지 않았습니다. 로봇이라는 단어를 처음 만든 사람은 과학자나 기술자가 아닌 작가였습니다.

1921년 당시 오스트리아-헝가리 제국, 지금의 체코에 살던 극작가 카렐 차페크(Karel Čapek, 1890~1938)는 「로섬의 만능 로봇」이라는 희곡 대본을 썼는데, 여기서 그는 자동으로 움직이고 스스로 생각하는 기계에 '로봇(Robot)'이라는 이름을 붙여줍니다. 로봇은 차페크의 고향인 체코 말로 '힘든 일'을 뜻하는 '로보타(robota)'라는 단어에서 나왔습니다. 다시 말해 차페크는 사람이 하기 힘든 일이나 위험한 일을 대신해주는 하인 같은 기계를 상상해냈고, 그 기계에 '로봇'이라는 이름을 붙여준 것이죠. 이처럼 로봇은 현실보다는 신화나 허구 속에서 먼저 등장한 개념이랍니다.

　대부분의 사람들은 로봇이란 단어를 듣고 금속으로 만들어져 전기를 이용해 스스로 작동하는 기계를 떠올립니다. 여기서 중요한 건 '스스로 작동하는 기계'라는 말입니다. 같은 청소기라도 사람이 이리저리 끌고 다녀야 하는 진공청소기는 로봇이라고 말하지 않습니다. 반면 스스로 돌아다니며 먼지를 빨아들이는 청소기는 '로봇청소기'라고 합니다. 또 더 많은 사람들은 로봇이라는 말에서 단순하게 움직이는 기계보다 더 구체적인 이미지를 떠올립니다. 즉 '스스로 움직이고 생각할 줄 아는, 사람을 닮은 기계' 말이죠.

　이런 사람들의 생각에 꼭 맞게 국어사전에서는 로봇의 뜻을 "1. 인간과 비슷한 형태를 가지고 걷기도 하고 말도 하는 기계장치, 인조인간" "2. 어떤 작업이나 조작을 자동적으로 하는 기계 장치"라고 정의해놓고 있답니다. 사람들은 로봇이라는 단어에서 인간과 비슷한 형태로 만든 기계 이미지를 먼저 떠올린다는 것이죠. 이렇게 스스로 생각하는 장치라는 이미지에, 사람을 대신해 일한다는 극적 설정이 더해졌습니다. 따라서 처음부터 로봇은 '사람 대신 일하는' 하인 같은 존재로 그려졌고, 대중문화 속에서 이런 로봇의 이미지가 강력하게 만들어졌지요.

로봇이란 단어가 만들어진 지 100년 가까이 흘렀지만, '하인 로봇'의 존재는 아직까지 먼 이야기입니다. 100년 동안 로봇 분야가 전혀 발달하지 않은 것은 아닙니다. 현대 사회에서 힘이나 정밀도를 요구하는 자동차 조립이나 전자 제품 조립, 물품 운반 및 포장 공정을 대신하는 산업용 로봇을 어렵지 않게 만나볼 수 있습니다. 또 의사를 도와 수술을 보조하고, 수술과 처치에 대한 시뮬레이션을 제공하며, 환자의 재활을 돕는 의료용 로봇도 이미 상용화되어 있습니다. 군사 및 탐사용으로 무인정찰기나 지뢰를 제거하는 무인 로봇도 사용되고 있고, 우주나 해저, 화산 등 사람이 접근하기 어려운 위험 지대를 탐사하는 데도 로봇이 이용됩니다. 그러나 정작 일상에서는 로봇다운 로봇을 만나기 어렵지요. 청소, 빨래, 다림질, 설거지 같은 단순 가사 노동을 대신하는 '하인 로봇'은 왜 만들어지지 않는 걸까요?

그건 로봇과 인간이 세상을 바라보는 방식이 기본적으로 다르기 때문입니다. 저명한 로봇 공학자인 한스 모라벡(Hans Moravec, 1948~)은 '사람에게 쉬운 일은 로봇에게 어렵고, 로봇에게 쉬운 일은 사람에게 어렵다'라는 일명 '모라벡의 역설'을 제시한 바 있는데요. 사람은 세상을 아날로그적으로 받아들이고 직관적으로 생각하는 반면,

인공지능은 세상을 디지털 방식으로 이해하고 연산을 통해 처리하기 때문에 나타나는 역설입니다.

'디지털(digital)'이라는 단어는 손가락을 뜻하는 라틴어 'digit'에서 유래되었습니다. 하나씩 따로 떨어진 손가락처럼 세상의 모든 정보를 구분되는 별개의 존재로 인식하는 것이 디지털입니다. 반면 '아날로그(analog)'라는 단어 '닮았다'는 뜻을 지닌 'analogia'라는 말에서 유래되었듯, 아날로그는 세상의 모든 정보를 연속적인 닮은꼴로 인식합니다. 이 개념은 우리가 사용하는 기계의 인터페이스를 보면 쉽게 구별할 수 있습니다. 버튼식이냐 다이얼식이냐의 차이로 말이죠. 라디오를 예로 들어봅시다. 디지털 라디오는 채널을 맞출 때 버튼을 누릅니다. 그럼 주파수가 일정한 간격을 두고 바뀝니다. 반면에 아날로그 라디오는 다이얼을 돌려 맞추는데요. 이에 따라 주파수가 연속적으로 바뀌며 방송 채널을 찾지요. 이처럼 세상을 서로 떨어진 불연속적인 것으로 인식하는지, 연속적인 것으로 인식하는지가 디지털과 아날로그의 근본적인 차이인데, 이 차이로 사고와 판단의 기준은 전혀 달라집니다.

세상이 불연속적이라면 모든 정보는 0과 1, 혹은 (+)와 (-), 흑과 백, yes와 no 등으로 명확히 판단할 수 있고, 각각을 가르는 기준도 아주 명확합니다. 따라서 디지털로 사고하려면 가능한 한 정보를 촘촘하게 쪼개 모든 것을 0과 1, 두 가지로 나누어야 합니다. 일단 나누기만 하면 판단은 아주 쉽고 정확해집니다. 뭐든 있으면 1, 없으면

0으로 판단하면 되니까요. 하지만 세상에는 명확하게 나누기 어려운 회색 지대가 존재하고, 이럴 때는 디지털 방식으로는 접근이 어려울 수 있습니다. 반면 아날로그는 모든 것을 연속적으로 받아들여 확률과 농도로 판단해야 하니 흑백을 완벽하게 가르기는 어렵지만, 대신 애매한 경우에는 적절하게 대응할 수 있지요.

사람은 연속적인 삶을 삽니다. 나는 세상에 태어난 이후 지금껏 쭉 존재해왔지, 있다가 없다가 하지 않았습니다. 그러니 아날로그 방식으로 접근하는 것은 사람에게는 쉬운 일입니다. 반면 로봇은 전원 공급 장치를 끄거나 메모리를 삭제시키는 방식 등으로 껐다 켰다 하는 것이 가능하죠 그래서 로봇에게는 아날로그 방식이 어렵고, 디지털 방식으로 접근하는 것은 사람에게는 쉬운 작업일 수도 있지요. 아쉽게도 청소, 빨래, 설거지 같은 대부분의 가사 노동은 아날로그적입니다. 예를 들어 '깨끗하다'라는 개념을 사람은 알아서 판단하겠지만, 기계는 $1cm^2$당 일정 크기 이하 입자 몇 개 미만 또는 공기 $1cm^3$당 특정 기체의 농도가 얼마 이하, 이런 식으로 정해야 하니 기준 잡기가 쉽지 않습니다.

최근에는 시행착오를 거쳐 스스로 학습하는 기계 학습과, 사람의 뇌를 모방해 만들어진 신경망 컴퓨터, 애매한 정보를 처리하는 '퍼지 이론(Fuzzy Theory)' 등을 접목시켜 아날로그적 감성을 이해하도록 만드는 연구가 진행되고 있다니, 사람처럼 일하는 가정용 도우미 로봇이 머지않아 나올 거라 기대해봅니다.

휴머노이드의 탄생

영화 〈아이, 로봇〉의 '써니'는 사람보다 더 사람 같은 모습을 보여줍니다. 애니메이션 〈공각기동대〉의 쿠사나기 소령은 스스로를 아직 인간인지 인간이라고 생각하는 기계인지 의심하고, 영화 〈블레이드 러너〉에 등장하는 안드로이드들은 스스로를 로봇으로 의심조차 하지 못할 정도입니다. 우리는 이미 대중문화에서 로봇을 익숙하게 만나고 있습니다. 하지만 이렇게 사람을 본뜬 정교한 로봇은 아직까지 먼 이야기입니다.

인간형 로봇을 '휴머노이드(Humanoid)'라고 합니다. 휴머노이드는 기계지만, 사람과 비슷한 기능을 수행할 수 있는 로봇입니다. 사람처럼 듣고, 보고, 말하고, 두 발로 걷고, 두 손을 움직이고, 체스와 바둑을 두거나 생각을 할 수 있는 로봇이 바로 휴머노이드죠. 영화 속 휴머노이드는 진짜 사람과 다를 바 없지만, 현실의 휴머노이드는 아직 '인간을 흉내 낸 기계' 수준에 불과합니다. 2000년에 일본에서 만든 아시모와 2004년 우리나라에서 만든 휴보처럼요. 아직은 인간을 대신해 무언가를 하기엔 어려워 보입니다. 하지만 인간형 로봇답게 두 다리로 서서 걷고 계단을 오르거나 두 발로 깡총 뛸 수도 있고, 넘어지면 일어나기도 합니다. 간단한 사람의 말을 알아듣고 답을 하거나 물건을 운반하기도 하지요. 최근 보스턴다이내믹스사에서 만든 이족 보행 로봇 '아틀라스'는 걷고 구르고 점프하고 공중제

비를 도는 등 인간의 신체 움직임을 다양하게 재현해 가까운 미래의 휴머노이드의 가능성을 배제할 수 없게 만들고 있습니다.

기술의 발전으로 휴머노이드보다 더 사람을 닮은 로봇이 만들어진다면, 이 로봇은 '안드로이드(Android)'라고 불릴 겁니다. 영화 〈터미네이터〉 시리즈에 나오는 T-800이나 액체 금속 로봇 T-1000, 영화 〈A. I.〉에 등장하는 어린이 로봇 데이비드가 안드로이드의 대표 모습입니다. 이들은 겉모습이 사람과 거의 똑같을 뿐 아니라, 생각도 하고 감정도 느끼고 심지어는 인공 배양한 피부나 장기로 사람처럼 피를 흘리거나 몸을 따뜻하게 만들기도 할 겁니다. 사실 안드로이드는 인간 여성의 몸에서 태어나는 대신, 공장이나 연구실에서 '만들어진 사람'입니다. 그래서 휴머노이드를 '인간형 로봇', 안드로이드는 '인조인간'이라고 번역하기도 하지요.

사실 로봇이 꼭 사람을 닮을 필요는 없습니다. 공장에서 일하는 제조 로봇은 걸어 다니지 않으니 다리 대신 팔만 있으면 되지요. 팔도 꼭 두 개여야 하는 건 아니니 여러 개를 달아 생산성을 높일 수도 있습니다. 이처럼 로봇은 쓰임새에 따라 다르게 만들어지고 다양한 모습을 가집니다. 하지만 사람과 함께 생활하는 로봇은 사람을 닮아야 합니다. 우리가 사는 집과 집 안의 가구, 자동차, 건물 등 모든 것이 사람이 사용하기 편리하도록 만들어졌기 때문이죠.

영화 〈어벤저스〉에 등장하는 캐릭터 토니 스타크는 평소에는 그저 돈 많은 괴짜지만, 빨간 수트를 착용하는 순간 슈퍼 히어로 '아이

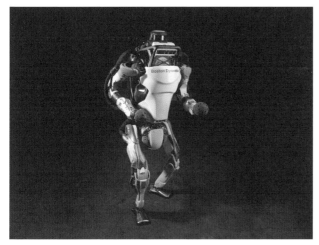

• 보스턴다이내믹스사에서 만든 이족 보행 로봇 아틀라스.

언맨'이 됩니다. 아이언맨 수트는 토르나 헐크와 달리 보통 인간인 토니가 엄청난 능력을 발휘하도록 해줍니다. 이렇듯 몸에 착용해 신체 능력을 증폭시키는 형태의 로봇을 '착용 로봇'이라고 합니다. 착용 로봇의 개념은 1890년 러시아의 발명가 니콜라스 얀이 걷거나 뛰는 동작을 도와주는 기계를 디자인해 특허를 낸 것에서 시작합니다. 그러다 1960년대 미국에서 군인을 위한 '파워 수트(power suit)' 개발이 필요해지자 본격적으로 연구되기 시작합니다. 이렇게 만들어진 착용 로봇인 HULC(Human Universal Load Carrier)는 최대 90kg의 짐을 가볍게 메고 시속 16km로 거뜬히 움직일 수 있다고 합니다. 이후 착용 로봇은 산업용, 의료용, 노인 보조용 등 다양한 분야에 적용하기 위한 연구가 진행되고 있습니다.

　일본에서 개발된 산업용 착용 로봇 '파워 로더(Power loader)'는 사

• 착용 로봇 **HULC**를 착용하고 이동하는 군인.

람의 근육 힘을 증폭시켜 100kg의 짐까지 거뜬히 옮길 수 있고, 우리 나라에서 개발된 소방관용 착용 로봇 '하이퍼 R1'은 뜨거운 화재 현장에서 소방관의 움직임을 도울 수 있습니다. 착용 로봇은 입은 사람의 동작을 인식해 제어하는 방식으로 움직입니다. 그래서 착용 로봇을 입으면 걷기, 오래 서 있기, 앉은 상태에서 일어서고 다시 앉기를 힘들이지 않고 할 수 있습니다. 힘이 약한 노인은 물론, 걷지 못하는 하지 마비 환자가 다시 걷고 움직이도록 도우니 의료 및 재활 치료용으로 수요가 매우 크리라 기대합니다.

신체 활동의 보조를 넘어 아예 신체 일부를 대치하는 인공 신체 로봇도 있습니다. 사고를 당해 사지를 잃거나 질병으로 기능을 잃은 신체를 대신하는 인공 다리, 인공 손, 인공 눈, 인공 심장 등을 인공 신체라고 합니다. 이렇게 기계와 결합된 몸을 가진 사람들을 사이보그(Cyborg)라고 하고요. 1960년, 오스트리아 출신 과학자 앤프레드 클라인즈(Manfred Clynes, 1925~)는 유기체와 기계의 결합이라는 사이보그의 개념을 제시합니다. 이후 사이보그는 〈600만 달러의 사나이〉의 스티브 대령, 〈공각기동대〉의 쿠사나기 소령, 〈스타워즈〉의 다스 베이더, 〈로보캅〉 시리즈의 머피 경관 등 대중문화 전반에 등장해 이미 익숙한 개념이 되었습니다. 앞서 언급한 '21세기 빨간 구두를 신은 무용수 아드리안' 역시 사이보그입니다.

아직은 서툴지만, 현실에서도 잃어버린 다리와 손의 기능을 보조하는 수준의 사이보그 신체는 이미 개발된 상태입니다. 로봇을 직접 입거나 몸에 달지 않더라도, 뇌파나 신경 신호를 통해 외부 로봇을 움직일 수 있는 BCI(Brain-Computer Interface) 기술도 등장했습니다. BCI 기술이란 말 그대로 사람의 뇌와 컴퓨터를 직접 연결해 서로 정보를 주고받을 수 있는 기술을 말합니다. 뇌 속에 송수신이 가능한 마이크로칩을 이식할 수도 있고, 뇌파를 인식하고 송신할 수 있는 장치를 두피에 착용하고 사용할 수도 있습니다. 방법은 조금씩 다르지만, 신경세포가 만드는 전기적 신호를 전환해 일종의 분신 로봇을 만드는 개념입니다.

착용 로봇과 사이보그는 그야말로 인간을 보조하는 장치 이미지에 가깝지요. 반면에 대중문화로 익숙한 휴머노이드는 인간과 독립적으로 존재하며 스스로 판단하고 주체적으로 살아가는, 지적 능력을 지닌 인조인간의 모습입니다. 최근에 시청한 영미 합작 드라마 〈휴먼스〉가 떠오르는군요. 십 대 남매와 늦둥이 어린 딸까지 아이가 셋인 호킨스 가족은 집안일을 거드는 가사용 합성 인간(드라마에서는

• 전신마비 환자가 뇌파로 로
봇 팔을 조종해 커피를 마시
는 모습.

휴머노이드를 합성 인간[synth]라고 부릅니다)을 구입해 '아니타'라는 이
름을 붙여줍니다.

곧 아니타는 이 집에서 없어서는 안 될 존재가 됩니다. 아이들이
아무리 저지레를 쳐도, 어른들이 어떤 무리한 요구를 해도 아니타
는 초록색 눈동자를 빛내며 묘한 표정을 지은 채 단 한마디 불평 없
이 모든 일들을 해내니까요. 피곤과 짜증과 불평은 모르고, 모든 것
을 수용하는 아니타에게 가장 먼저 마음을 연 사람은 막내딸 소피입
니다. 바쁜 엄마와 아빠, 꼬맹이 동생과 놀아주지 않는 십 대 언니 오
빠 사이에서 외로웠던 소피에게 아니타는 그야말로 최고의 친구입
니다. 부르면 언제든 달려오고, 똑같은 놀이를 수십 번 해도 지루해
하지 않는 아니타에게 매료된 소피는 아니타를 닮기 위해 '합성 인
간 놀이'를 시작합니다. 그러다가 모든 행동을 로봇처럼 무표정하고
정확하게 처리해야 한다는 강박관념까지 갖게 되지요. 인간을 모방
해 합성 인간을 만들었는데, 이제 인간이 합성 인간을 모방하게 된

겁니다.

마침 1927년, 심리학자 윈스럽 켈로그가 영장류의 발달 과정을 연구하기 위해 어린 침팬지 구아와 어린 아들 도널드를 함께 양육한 실험이 떠오릅니다. 이 실험은 1년을 채우지 못하고 중단되었습니다. 침팬지 구아는 아무리 정성 들여 양육해도 인간의 언어를 배우지 못했지만, 인간 아기 도널드는 구아에게 침팬지의 발성을 배워 비슷하게 행동했기 때문입니다. 아무리 실험 정신이 투철한 심리학자라 하더라도, 아들이 침팬지가 되는 건 받아들일 수 없었겠지요.

이 실험에서 알게 된 건, 인간은 그 어떤 생명체보다 타인을 모방하는 능력이 뛰어나다는 것뿐이었죠. 그래서일까요, 드라마 〈휴먼스〉의 소피를 비롯한 다른 아이들이 자신을 돌봐주는 내니의 모습을 흉내 내며 합성 인간 놀이를 하는 모습이 제게는 낯설게도, 그럴 듯하게도 다가왔습니다. 인간과 비슷한 휴머노이드의 탄생을 어른들이 두려워하든 거부하든 반가워하든 간에, 아이들은 휴머노이드와 오래도록 살아가게 되겠지요. 어린 시절부터 자연스럽게 같이 살아가야 하는 동류로 휴머노이드를 받아들이지 않을까요?

아직까지 일상에서 스스로 생각하고 판단하는 휴머노이드를 만나기는 어려운 일입니다. 하지만 앞으로 다가올 세상에서는 로봇과 어떤 방식으로든 공존하며 살아갈 가능성이 매우 높습니다. 아마 이전보다 더욱 밀접하고 뗄 수 없는 관계가 될 수도 있습니다. 로봇과 함께 하는 미래는 차페크가 상상한 것처럼 수직적 사회가 될지, 〈터미

네이터〉 시리즈가 보여주듯 대립적 사회가 될지 모르는 일입니다. 또한 〈바이센테니얼 맨〉처럼 로봇과 인간이 서로 인정하고 다독이며 행복하게 살아가는 사회일지, 〈휴먼스〉의 소피처럼 인간이 로봇을 닮으려는 사회가 될지 아직은 알 수 없습니다. 다만 어떤 미래에 손을 내밀지 결정하는 몫은 인간에게 달려 있다는 건 분명합니다. 여러분은 하인과 적군, 친구와 이상형 중에 어떤 방식으로 로봇과 공존하길 바라나요?

로봇의 일, 사람의 일

알파고가 이세돌 9단을 4승 1패의 압도적인 승률로 이기자, 로봇과 인공지능이 인간을 어디까지 대신할 수 있을지를 두고 궁금해하는 사람이 많아졌습니다. 기계 조립이나 작업 공정, 수치 계산 등은 오래전부터 기계가 인간을 압도했죠. 하지만 문학이나 음악, 미술처럼 인간만이 즐길 수 있다고 하는 예술 분야에서는 과연 어떨까요?

가장 먼저 등장한 인공지능 로봇은 '기자 로봇'입니다. 컴퓨터가 스스로 단어를 조합해 문장을 만들어내는 작문 알고리즘은 이미 1950년대에 등장했습니다. 2000년대 들어서는 로봇들이 주요 신문사에서 직접 기사를 쓰기도 합니다. 「LA 타임스」의 기자 로봇인 '퀘이크봇(Quakebot)'은 미국지질조사국(USGS)에서 발표하는 정보를 탐지해 지진 관련 기사를 제일 먼저 써내는 데 성공했습니다. 지진이 일어나면 기자들은 지질조사국에 가서 취재하고 담당자를 인터뷰하는 시간이 필요하지만, 퀘이크봇은 지질조사국의 슈퍼컴퓨터에 직접 정보를 얻을 수 있어 더 빠르고 확실한 기사를 쓸 수 있었지요.

영국에는 기사를 모아 신문을 만드는 '편집자 로봇'도 있습니다. 2013년부터 영국 「가디언」에서 발간하는 「길지만 좋은 읽을거리(The Long Good Read)」라는 이름을 단 주간 신문은 일주일 동안 쓰인 기사가운데, 댓글이 많이 달리고 많이 링크된 기사를 선별해 편집자 로봇이 직접 편집해 만듭니다. 기사도 로봇이 쓰고, 편집도 로봇이 하는 셈이죠. 단순히 사실을 전달하는 것을 넘어 소설을 쓰는 '작가 로봇'이나 노래를 만드는 '작곡가 로봇'도 있습니다. 지난 2016년 3월, 일본에서 열린 공상 과학 문학상인 '니케이 호시 신이치 문학상' 공모에서 사람이 아닌 로봇이 쓴 소설이 예심을 통과했습니다. 비록 상은 받지 못했지만, 로봇도 충분히 사람이 읽을 만한 소설을 써낼 수 있다는 가능성을 확인했습니다. 지난 2015년 미국에서는 작곡가 로봇 쿨리타(Kulitta)가 만든 연주곡을 사람들에게 들려주는 실험을 했는데, 대부분은 사람이 만들었다고 생각했습니다.

　미술 분야에는 더 정교한 로봇이 많습니다. 사실 어떤 그림도 사물을 사진보다 정확하게 담을 수 없습니다. 그런 점에서 디지털 사진 기술을 가진 로봇은 실제만큼 정확하게 그릴 수 있지요. 하지만 예술은 정확성보다는 아름다움을 중시합니다. 그렇기에 창조적인 표현이나 아름다움을 묘사하는 로봇이 만들어질 거라고는 예상하지 못했죠. 영국에서 만들어진 애런(AARON)은 마치 인간 화가처럼 스스로 색

©Harold cohen

• 화가 로봇 아론이 그린 그림.

과 모양을 판단해 그림을 그리는 '화가 로봇'입니다. 애런의 그림은 진짜 사람이 그렸다는 느낌이 듭니다. 유명한 화가들의 화풍을 분석해 어떤 그림이나 사진도 그 화가가 그린 것처럼 변환시켜주는 로봇도 있습니다. 이 화가 로봇이 그린 그림은 매우 정교하고, 그려내는 속도도 아주 빠르지요.

우리는 인간이 설 자리를 로봇이 점점 빼앗아간다고 두려워해야 할까요? 아니면, 지금껏 인간만이 누릴 수 있었던 예술적 감각을 나눌 새로운 지적 존재를 반겨야 할까요?

07

별을 향한 끝없는 열망, 우리는 어디까지 나아갈 수 있을까?

 망원경, 어두운 빛을 모아 밤을 밝히다

지난 2018년 11월, 저는 소백산천문대에서 열린 '과학과 문화예술 소통 워크숍'에 참석했습니다. 이번 워크숍의 주제는 '과학 커뮤니케이션'으로, 과학 저술가, 과학 전문 출판사 편집장, 과학 전문 서점 매니저, 과학 1인 크리에이터, 과학관 학예사 등 다양한 과학 커뮤니케이션 분야의 전문가들이 한자리에서 만나 서로의 경험을 나누었습니다. 물론 모임도 즐거웠지만, 더욱 잊지 못할 순간은 밤에 찾아왔습니다.

짧은 초겨울 해가 넘어가자, 해발 고도 1,380m에 자리 잡은 천문대 주변에 도시에서는 경험하지 못한 짙은 어둠이 찾아왔습니다. 눈

앞의 손조차 볼 수 없는 캄캄한 밤기운에 익숙해질 즈음, 모인 사람들이 순간 탄성을 내질렀습니다. 검다 못해 푸르스름한 기운이 드리운 밤하늘을 우윳빛 강이 가로지르고 있었습니다. 그날 본 은하수는 뇌리에 선명히 아로새겨졌습니다.

온갖 화려한 인공 이미지에 둘러싸여 살아가는 현대인조차도 영롱하게 빛나는 은하수의 매력에서 눈길을 거두기 어렵습니다. 그러니 오로지 자연에서만 살아왔던 옛사람들에게 밤하늘은 어떤 아이맥스 영화관보다도 환상적이었겠지요. 아주 오래전부터 사람들은 밤하늘에 새겨진 별의 이미지를 눈으로 탐닉하고, 별 하나하나마다 이름을 붙이며 흥미진진한 스토리를 만들어냈습니다. 하지만 그 긴 세월 동안 사람들은 그저 맨눈으로만 별을 관찰했습니다. 두 눈 외에는 별을 관찰할 별다른 도구가 없었으니까요. 그래서 좋은 시력은 천문학자의 훌륭한 자질 중 하나였다고 합니다.

위대한 천문학자로 꼽히는 덴마크의 티코 브라헤(Tycho Brahe, 1546~1601)는 시력이 뛰어나 매우 정교하게 천문을 관측한 것으로 유명합니다. 남아 있는 기록으로 보건데 5″*의 미세한 차이도 식별할 수 있었다고 하니, 그야말로 천문학자로서 최적의 신체 조건을 가지고 태어난 셈이지요. 반면, 수학에 천부적인 재능을 지닌 그의 제자 요하네스

> * 원의 중심각을 360등분한 것이 1°(1도)이며, 1°를 60등분한 것이 1′(1분), 1′을 60등분한 것이 1″(1초)입니다. 다시 말해 5″란 각도 1°의 1/720이겠지요.

케플러(Johannes Kepler, 1571~1630)는 어린 시절 앓았던 천연두의 후유증으로 시력 손상을 입어 별을 관찰하는 데 어려움을 겪었다고 합니다. 아이러니하게도 훗날 천체의 움직임에 자신의 이름을 남긴 건 브라헤가 아니라 케플러였습니다. 브라헤가 갑작스럽게 죽는 바람에 그가 만든 정교한 천문도가 케플러의 손에 들어왔기 때문입니다.

망원경(telescope)은 '멀다'를 뜻하는 'tele-'와 '본다'를 뜻하는 'skopein'이 합쳐진 말로 단어 그대로 먼 것을 볼 수 있게 해주는 장치입니다. 망원경을 처음 만든 사람은 17세기 네덜란드의 안경 제조업자 한스 리페르세이(Hans Lippershey, 1570~1619)입니다. 직업상 렌

• 육안으로 본 달(오른쪽)과 목성(왼쪽). 대개 밤하늘에서 가장 밝게 보이는 별은 금성 아니면 목성이다.

즈를 다루는 일이 많았던 리페르세이는 우연히 볼록렌즈와 오목렌즈를 겹치면 먼 곳에 있는 물체가 가깝게 보인다는 사실을 알게 됩니다. 1608년, 그는 이 원리를 적용해 기다란 원통에 두 개의 렌즈를 붙인 최초의 망원경을 개발합니다. 하지만 이 망원경의 배율은 3배 정도에 불과했지요. 신기한 장난감 수준에 머물던 망원경을 별을 관측하는 도구로 탈바꿈시킨 인물은 최초의 근대과학자로 불리는 갈릴레오 갈릴레이(Galileo Galilei, 1564~1642)입니다. 갈릴레이는 망원경을 직접 개량해 배율을 30배까지 올렸고, 이것으로 천체를 관찰하면서 천문학계의 거성으로 빛나게 됩니다.

얼핏 보기에 밤하늘의 별은 그저 똑같아 보입니다. 하지만 자세히 들여다보면 움직임이 다른 별을 구분할 수 있습니다. 대표적인 것이 항성(恒星, fixed star)과 행성(行星, planet)입니다. 이름 뜻 그대로 '붙박이별'인 항성은 자체적으로 핵융합을 일으킬 수 있을 정도로 매우 크고 스스로 빛을 내는 별입니다. 지구가 자전하고 공전함에 따라 항성이 보이는 각도가 달라질 뿐, 원래 위치를 그대로 유지합니다. 우리가 흔히 '별'이라고 부르는 것입니다.

행성은 '떠돌이별'이라는 이름처럼 움직임이 매우 큰 별입니다. 때로는 하늘을 가로지르는 것처럼 움직여서 이런 이름이 붙었습니다. 지구에서 맨눈으로 보이는 행성은 수성, 금성, 화성, 목성, 토성 등 다섯 개라고 하지만, 빛 공해가 심한 도시에서는 금성, 화성, 목성까지는 맨눈으로 관찰할 수 있어도 수성과 토성은 잘 보이지 않습니다. 행성은 핵융합이 가능할 정도로 크지 않아 스스로 빛을 내지 못합니다. 다만 근처 항성이 뿜어내는 빛을 반사할 수는 있지요.

행성은 스스로 빛을 내지 못하기 때문에, 태양계가 아닌 먼 곳에 있는 행성은 육안으로 관찰할 수 없습니다. 따라서 태양계의 행성을 제외하고 우리가 눈으로 볼 수 있는 빛나는 별은 모두 항성이라고 생각해도 무방합니다.

망원경으로 항성을 관찰하면 별들이 고루 분포된 게 아니라 특정 지역에 몰린 것처럼 보입니다. 이때 별들이 모인 덩어리를 별덩어리, 즉 성단(星團, Star cluster)이라고 하지요. 별은 아니지만 그 사이에 존재하는 가스덩어리와 티끌의 모임은 마치 별들이 만든 구름과 비슷하다고 해서 성운(星雲, nebula)이라고 부르고요. 이런 항성, 성운, 성단 등이 중력에 묶여 이루는 커다란 천체를 은하(銀河, galaxy)라고 합니다. 지구를 비롯한 태양계는 '우리 은하(milky way)'에 속하며, 인류가 처음으로 발견한 우리 은하 밖의 은하는 바로 500만 광년 떨어진 곳에 있는 '안드로메다 은하

• 다양한 모습의 은하들.

(andromeda galaxy)'랍니다.

항성 주변을 도는 행성은 다시 행성과 소행성으로 나누는데, 둘의 차이는 크기입니다. 2006년 8월 체코 프라하에서 열린 국제천문연맹(IAU) 총회에서는 태양계 행성의 조건으로 다음 세 가지를 제시했습니다.

첫째, 태양을 중심으로 공전할 것.
둘째, 중력이 커서 안정적인 구형을 유지할 것.
셋째, 궤도 근처의 천체를 위성으로 만들어 밀어낼 수 있을 것.

즉, 태양의 중력권 내에서 떠도는 천체 가운데 덩치가 어느 정도 커서 구형을 유지할 수 있고 궤도권 내 다른 천체들을 압도하는 중력을 가지는 경우, '행성'으로 분류됩니다. 덩치가 작아서 중력도 작고, 그래서 구형을 유지하지 못해 불규칙한 형태를 가지거나 궤도권 내 다른 천체의 영향을 많이 받는 경우에는 작을 소(小) 자를 써서 '소행성(小行星, asteroid)'으로 분류하고요. 오랫동안 태양계의 아홉 번째 행성으로 여겨진 명왕성이 행성의 지위에서 탈락된 게 바로 이 때문입니다. 명왕성은 지구의 위성인 달보다 작고 해왕성의 영향을 너무 심하게 받아서 자격을 갖추지 못한 것으로 판단되어 행성에서 제외된 것이죠. 게다가 명왕성을 행성으로 인정하면, 에리스와 카론 등 명왕성급의 다른 천체도 행성으로 인정해야 하니 복잡해지기도 하고요. 지금은 공식적으로 태양계에는 행성 여덟 개가 존재하며, 명왕성은 태양계에 존재하는 다섯 왜행성(矮行星, dwarf planet) 중 하나로 여겨지고 있답니다.

또 소행성과 혜성(彗星, comet)은 크기는 비슷하지만 구성 성분이 다릅니다. 소행성이 주로 암석으로 이루어진 단단한 천체라면, 혜성은 얼음과 일산화탄소, 메탄, 암모니아 등의 가스로 이루어진 천체입니다. 혜성은 우리말로 '살(화살)별' 혹은 '꼬리별'이라 불리는데, 사실 혜성의 꼬리는 존재하는 건 아닙니다. 혜성이 태양에 가까워지면 그 열기에 녹은 구성 성분이 증발하며 비로소 분명해집니다. 이렇게 기화된 성분은 태양풍에 밀려 태양의 반대쪽으로 늘어지는데 성분

• 태양의 주위를 돌고 있는 핼리 혜성의 모습.

에 따라 밀려나는 정도와 속도가 달라 긴 꼬리 모양이 나타나게 됩니다. 이처럼 혜성의 꼬리는 태양열로 녹고 태양풍에 밀려나 만들어지기 때문에 꼬리 방향은 항상 태양의 반대쪽에 위치한답니다.

지구와의 관계에 따라 분류되는 별의 명칭도 있습니다. 대표적으로 유성(流星, meteor)이 있는데요. 소행성에서 떨어져 나온 조각이나 혜성에서 떨어진 조각 등 기타 작은 천체들이 지구의 중력에 끌려 지구 대기권으로 진입해 떨어지는 것입니다. 지구는 두꺼운 대기층에 감싸여 있기 때문에 천체들은 이를 통과할 때 대기와의 마찰로 엄청난 열을 내며 타오릅니다. 그렇게 밤하늘에 반짝이는 줄을 만들어내 '흐르는 별'을 뜻하는 유성이나 '별똥별'이라는 이름이 붙게 되었지요.

지구의 중력에 붙잡힌 천체가 조금 커서 대기권을 통과할 때 전부 타지 않고 땅에 떨어지면 운석(雲石, meteorite)이 됩니다. 유성은 낭만적이지만, 운석은 엄청난 재앙이 될 수도 있습니다. 보통 지름 5m 이하의 천체는 대기권을 통과하면서 타버려 거의 남는 것이 없습니다. 그러나 이보다 크면 엄청난 충돌을 일으키기도 합니다. 영화 〈딥 임팩트〉와 〈아마겟돈〉에 등장한 소행성 크기라면 인류 절반 이상이 사망할 정도의 큰 재앙을 가져올 수도 있습니다. 실제로 학자들은 중생대 백악기 말, 공룡을 비롯한 육상 생물의 75%를 멸종시킨 'K-Pg 대멸종'의 원인을 운석으로 추정하고 있습니다. 멕시코 유카탄반도에 떨어진 지름 10km 정도로 추정되는 소행성이 일으킨 충격파와

• 멕시코 유카탄반도에 남아 있는 칙술루브 충돌구. 직경은 약 **180km**이고, 깊이는 약 **20km**다.

이로 인한 기후 교란이 멸종으로 이어졌다는 것이죠. 심지어 1908년 6월 30일에도 러시아 퉁구스카 지역에 지름 50m 이상의 소행성이 떨어졌습니다. 다행스럽게도 당시 이곳은 매우 외진 지역으로 거주하는 사람이 없어 공식적인 인명 피해는 보고되지 않았지만, 단 한 번의 충돌로 나무 약 6,000만 그루가 서식하던 2,000km^{2}가 넘는 숲이 사라졌다고 합니다.

별들은 머나먼 곳에 있는 먼 존재로 느껴지지만, 이렇게 가끔씩 지구를 찾아오는 천체들도 있습니다. 이와는 상관없이 인류는 오랫동안 별을 바라보며 스스로 접점을 만들어내기도 했답니다. 별자리와 신화를 통해서 말이죠. 신들의 제왕보다는 바람기의 황제라는 말이 더 어울리는 제우스는 아르카디아의 공주인 칼리스토를 유혹해 아들을 낳게 했습니다. 하지만 이 사실을 알게 된 제우스의 아내이자 결혼의 여신인 헤라가 가만있을 리 없었겠죠. 헤라는 칼리스토에게 저주를 내려 커다란 곰으로 만들었습니다. 세월이 흘러 장성한 칼리스토의 아들 아르카스는 사냥하러 나왔다가 자신의 어머니인 줄도 모르고 큰 곰에게 활을 겨눕니다. 이걸 보다 못한 제우스는 아르카스를 작은 곰으로 변신시켜 둘을 모두 하늘로 불러올립니다. 하늘로 올라간 칼리스토와 아르카스는 각각 큰곰자리와 작은곰자리가 되어 하늘에서 영원히 살게 됩니다. 이 사실을 알게 된 헤라는 대양(大洋)의 신 오케아노스와 테티스를 찾아가 하소연을 했습니다. 이들 부부는 칼리스토와 아르카스가 하룻밤 운행을 마쳐도 수평선 아래로 내려가 대양의 품에서 쉬지 못하게 했습니다. 결국 칼리스토와 아르카스는 영원히 북극성 주변을 맴돌 수밖에 없었다고 합니다.

밤하늘의 별을 밤새도록 관찰해보면, 북극성을 중심으로 한 바퀴 회전하며 천천히 움직이는 것을 알 수 있습니다. 따라서 북극성과 가까운 별은 작은 원을 그려 지평선 밑으로 사라지지 않지만, 북극성에서 먼 쪽에 있는 별은 커다란 원을 그리므로 지평선 아래로 사라졌다가 다시 떠오릅니다. 이런 현상이 나타나는 이유는 별들이 움직이기 때문이 아니라, 지구가 하루에 한 바퀴씩 자전하기 때문입니다. 지구 자전축의 연장선상에 있는 북극성은 지구에서 볼 때 중심이 되어 움직이지 않고, 나머지 별들이 북극성을 중심으로 회전하는 것처럼 보입니다.

사람들이 하늘을 바라보고 별의 움직임을 관측한 시기가 언제부터인지 정확히 알 수 없습니다. 그래도 북극성이 중심인 별들의 회전 현상은 눈썰미 좋은 누군가의 눈에 띄었을 테고, 여기서 칼리스토와 아르카스, 제우스와 헤라가 등장하는 한 편의 비극이자 치정극을 상상해냈죠.

별에 얽힌 이야기는 우리나라에도 참 많습니다. 추운 밤에 냇물을 건너 마실 나가는 어머니를 위해 밤새 징검다리를 놓았던 일곱 아들은 북두칠성이 되었습니다. 서로를 그리워하지만 일 년에 단 한 번, 칠석날만 만날 수 있는 견우와 직녀의 슬픈 사랑 이야기는 견우성과 직녀성에 얽혀 있습니다. 여기서도 옛사람들의 관찰력이 엿보입니다. 밤하늘을 가로지르는 은하수를 중심으로 위쪽의 가장 밝은 별이 직녀성(vega)이고 아래쪽의 가장 밝은 별이 견우성(altair)입니다. 그런데 해마다 칠월칠석(유력 7월 7일) 즈음에 두 별의 거리가 가장 가까워지는 것처럼 보입니다. 지구상에서는 지척인 듯 보이는 두 별은 사실 16광년이나 떨어져 있는 항성입니다. 그러니 두 별의 거리가 실제로 가까워지는 것은 아닙니다. 다만 지구의 공전 때문에 칠석이 되면 두 별이 머리 꼭대기 쪽에서 관찰되는데, 착시 현상에 의해 지평선 근처에서보다 둘 사이의 거리가 가까워진 것처럼 보이는 거죠.

이런 이야기는 또 있습니다. 망원경을 이용해 금성을 관찰하던 갈릴레이는 노트에 "비너스가 셀레네 흉내를 낸다"라는 글귀를 남깁니다. 비너스(Venus)는 사랑과 미의 여신을 가리키는 이름이기도 하지만, 태양계의 두 번째 행성인 금성을 의미하는 단어이기도 합니다. 셀레네는 달의 여신이고요. 이 암호 같은 문장은 '금성을 면밀히 관찰하면 마치 달처럼 위상 변화를 하는 모습이 관측된다'는 사실을 은유적으로 표현한 것이었습니다. 금성은 스스로 빛을 내지 못하고 태양 빛을 반사시킵니다. 이런 현상이 관찰되는 것은 금성이 태양 주변을 공전하는 과정에서 빛을 반사하는 방향이 달라지기 때문이지요. 하지만 지구상에서 관찰되는 달과 금성의 위상 변화는 각기 다릅니다. 달은 모양이 달라져도 늘 같은 크기로 유지되는 반면, 금성은 삭(그믐)에 가까워질수록 크기가 커지고 보름에 가까워질수록 크기가 작아진다는 것이 다릅니다.

이처럼 사람들은 오랫동안 별을 관찰해왔고, 반복되는 별의 움직임에 그럴듯한 사정을 담아 저마다 이야기를 만들어냈습니다. 신화와 과학은 바로 여기서 접점을 찾습니다. 물론 신화가 별을 하나의 인격체로 생각해 인물 사이에 벌어지는 복잡하고 애틋한 스토리로 엮어냈다면, 과학은 물리적 법칙에 따라 현상을 설명하고 움직임을 예측하는 방식으로 접근했다는 차이가 있지만요. 별마다 지닌 아름답고 구슬픈 설화를 살펴보고, 이런 설화가 생겨나게 된 물리학적 배경을 찾아 비교해보는 것도 별과 친숙해지는 하나의 방법이 아닐까요?

로제타 미션과 혜성 탐사

'별나라'는 결코 도달할 수 없는 이상향을 지칭하는 단어로 쓰입니다. 실제로 별은 매우 먼 곳에 있습니다. 아폴로 11호가 지구가 아닌 다른 땅에 발자국을 남긴 지 2019년인 올해로 꼭 50년이 되었지만, 인류는 반세기가 지나도록 달 외의 천체에 가본 적이 없습니다. 별들이 너무 멀리 있기 때문입니다. 그나마 가장 가까운 행성인 화성도 지구와 가장 가까워질 때도 거리가 5,600만km(가장 멀리 떨어질 때는 4억 100만km)에 이를 정도로 멀리 있습니다. 지구의 둘레가 4만 km, 지구와 달의 거리가 38만km임을 감안하면, 화성과 지구는 가장 근접했을 때조차도 지구 둘레의 1,400배, 지구와 달 사이의 거리의 147배나 됩니다. 2018년 5월 5일 NASA에서 쏘아올린 인사이트호가 화성에 착륙한 날짜는 같은 해 11월 26일입니다. 화성까지 가는 데만 6개월 반 정도 걸린 셈이지요. 그나마 화성은 가까운 편이라 이 정도입니다. 2006년 1월에 쏘아올린 뉴허라이즌스호가 명왕성에 접근한 때는 무려 10년 가까이 지난 2015년 7월이었지요. 그러니 이보다 수십만에서 수십억 배 떨어진 별나라에 간다는 건 불가능에 가깝습니다.

하지만 인류라는 종족은 엄두도 안 나던 일을 현실화시키는 데 이골이 난 존재입니다. 지난 2014년 11월 12일, 유럽우주국(ESA) 관제 센터는 10년 만에 로제타 미션의 성공을 발표했습니다. 로제타 미션

• 로제타호가 따라잡은 혜성 **67P/추류모프-게라시멘코** 혜성의 모습(왼쪽)과, 탐사 로봇 필레가 찍어서 전송한 혜성 표면의 사진(오른쪽).

이란, 지난 2004년 시작된 ESA의 혜성 탐사 프로젝트입니다. 2004년 3월 2일, 로제타호라는 이름의 혜성 탐사선을 발사하며 본격적으로 시작되었습니다. 이후 로제타호에서 들려오는 소식은 거의 없었습니다. 로제타호가 목표로 삼은 '67P/추류모프-게라시멘코' 혜성까지 도달하기 위해 움직인 거리는 무려 65억km로, 지구와 달 사이의 거리(38만km)보다 약 1만 7,000배나 멀기 때문입니다. 그렇게 10년이 넘도록 계속해서 날아가던 로제타호는 2014년 8월 드디어 혜성에 근접했고, 같은 해 11월 12일(현지 시간)에 혜성 표면에 탐사 로봇인 '필레'를 내려보내는 데 성공했다고 합니다.

안타깝게도 탐사 로봇 필레는 착륙 문제로 송신이 끊어졌는데, 이듬해인 2015년 6월에 잠깐 송신이 재개되어 정보를 보내왔습니다. 하지만 더 이상 필레에게서 연락이 오지 않아 공식적으로 이 프로젝트는 종결되었습니다. 로제타 미션은 인류가 보낸 인공체가 달이나 다른 행성이 아닌 혜성에 근접해 착륙했다는 사실만으로도 우주 진출의 역사에 큰 획을 그었다고 평가받고 있습니다.

사실 로제타 미션은 처음부터 불가능해 보였습니다. 로제타가 다가간 혜성은 지구에서 직선거리로만 5억km 이상 떨어진 곳에서 시속 6만 6,000km로 빠르게 움직이고 있습니다. 직경이 겨우 4km에 불과한 작은 천체이고요. 그러니 이 혜성에 탐사선을 보내 무사히 착륙시키는 일은 서울에서 총을 쏘아 중국 베이징 상공으로 발사된 총알을 정확히 맞추는 것과 같은 정밀도가 필요합니다. 다시 말해 엄청난 속도와 극도의 정밀성이 요구되는 프로젝트였다는 것이죠.

여기서 이상한 점이 하나 있습니다. 로제타호가 이동한 거리는 65억km나 되었는데, 실제 혜성은 지구에서 직선거리로 5억km 근방에 있습니다. 로제타호는 실제 직선거리보다 11배는 먼 길을 돌아간 셈이죠. 로제타호는 왜 이렇게 먼 거리를 돌아서 가야 했을까요? 아무리 아는 길도 돌아가라지만, 11배나 돌아갈 이유는 대체 무엇이었을까요? 실제로 우주여행에서는 이런 일이 심심찮게 일어납니다. 앞서 지구와 화성의 최대 거리가 5,600만km라고 했는데요, 화성에 보낸 탐사선들이 우주를 유영한 거리는 수억km를 가뿐히 넘깁니다. 텅 빈 우주 공간에 별다른 방해물도 없을 텐데, 왜 우주선들은 이렇게 먼 거리를 돌아서 가는 걸까요?

우주선들이 가까운 거리를 두고도 먼 거리를 돌아서 가는 첫 번째 이유는 태양의 중력 때문입니다. 우리는 수학 시간에 직선은 두 점 사이를 잇는 가장 짧은 거리라고 배웁니다. 그래서 직선으로 가야 제일 빠르다고 생각하지요. 하지만 이건 어디까지나 종이 같은 평면 위에서 하는 이야기이고, 실제 도로에서는 달라집니다. 현실에서는 두 지점 사이를 잇는 직선 도로가 없을 수도 있고, 도로 중간에 높고 험한 산이 버티고 있어서 산을 오르는 것보다는 산을 끼고 돌아가는 게 더 빠를 수도 있지요. 태양계 내에서도 비슷한 일이 일어납니다.

우주여행에서 태양은 어마어마하게 높아 도저히 오를 엄두가 안 나는 산맥 같은 존재입니다. 보통 다른 천체와 지구가 근일점(近日點, 태양을 도는 천체가 태양과 가장 가까워지는 지점) 상태일 때는 태양-지구-외부 천체가 일직선상에 놓입니다. 그러면 지구에서 출발한 우주선은 태양을 등지고 직선으로 나아가야 하는데, 현대의 기술력으로는 태양의 중력을 이길 만큼 강한 출력을 내는 로켓을 만들 수 없습니다. 그래서 할 수 없이 궤도를 잘 계산해 태양 중력의 영향을 덜 받도록 비스듬히 움직일 수밖에 없습니다. 그러니 거리가 늘어날 수밖에요.

두 번째 이유는 아이러니하게도 돌아가야 더 빠르게 목표 지점에 도달하기 때문입니다. 새총 쏠 때를 생각해보세요. 새총을 쏘려면 일단 돌멩이를 고무줄에 놓고 반대쪽으로 힘껏 잡아당겨야 합니다. 뒤쪽으로 잡아당겨진 돌멩이는 고무줄의 반동으로 더 빨리, 더 멀리 날아갈 수 있습니다. 우주여행에서도 이 원리가 적용됩니다. 우주 공간에는 고무줄이 없으니 대신 행성들의 인력을 이용합니다. 즉, 일부러 행성의 인력권 안에 살짝 들어갔다가 탈출하면 인력과 그 반발력으로 속도가 더 빨라집니다. 이렇게 한번 빨라진 우주선은 관성의 법칙에 따라 연료를 추가로 태우지 않아도 속도를 계속 유지합니다. 이를 새총의 원리와 비슷하다고 해서 '슬링샷 효과' 또는 '플라이바이(fly-by)'라고 하지요. 플라이바이는 여러 번 반복할수록 속도가 빨라지는데, 실제 로제타호도 시속 5만km로 움직이는 혜성 '67P/추류모프-게라시멘코'를 따라잡으려고 플라이바이를 네 번이나 시도했답니다. 그래서 훨씬 더 먼 거리를 돌아가야 했던 거죠.

여기서 근본적인 질문을 하나 던져봅시다. 왜 인류는 이토록 많은 시간과 노력을 들여 굳이 저 멀리 있는 혜성이나 소행성을 탐사하려 하는 걸까요? 누군가는 소행성과 혜성이 아직까지 수수께끼로 남아 있는 지구 생명의 기원을 밝히는 중요한 열쇠라고 생각하기 때문이라고 답합니다. 대표적으로 소행성 생명 기원설을 지지하는 두 가지 입장인데요. 그중 하나인 '씨앗설'은 우주 어디엔가 생명체가 존재하는 행성이 있었고, 그들의 일부가 소행성을 통해 지구에 떨어져 생명의 기원이 되었다는 주장이지요. 만약 이 주장이 맞다면 우주 저편 어딘가에 우리의 조상이 되는 또 다른 생명체가 존재한다는 말이 됩니다.

두 번째 주장은 소행성이 생명의 씨앗을 옮긴 것이 아니라, 지구와 충돌해 어마어마한 에너지를 만들었고, 이로 인해 지구에 존재하던 물질끼리 결합하면서 핵산 물질이 합성되었다는 것입니다. 체코 헤리로프스키 물리화학연구소 과학자들의 모의실험 결과, 지구의 원시 대기 상태에 강력한 인공 충돌을 유도하면, 핵산의 일종인 RNA를 형성하는 네 가지 염기(아데닌, 구아닌, 시토신, 우라실)가 모두 만들어진다고 합니다. 즉 지구의 생명체는 소행성에서 옮겨온 게 아니라, 소행성 충돌로 만들어졌다는 말인데, 이 경우라면 우주인이 존재하지 않더라도 무방합니다. 어쨌든 전자나 후자나 소행성이 중요한 역할을 한 것은 사실이라고 수긍하는 분위기이고요. 결국 수억km 떨어진 곳의 천체에서 진정으로 알아내고 싶은 것이 우리 존재의 기원이니, 어쩌면 모든 문제는 생각보다 가까운 데서 시작되는지도 모르겠습니다.

 ## 화성에서 살아가기 위한 노력들

앤디 위어의 소설을 영상화한 동명의 영화 〈마션〉은 우연한 실수로 화성에 혼자 체류하게 된 우주비행사 마크 와트니의 생존기를 그려내 인기를 끌었습니다. 영화는 꽤 재미있었습니다. 과연 정말로 인류가 지구를 떠나서 살아갈 수 있을까요? 이 의문은 오랫동안 물음표 상태였습니다. 그런데 최근 이 궁금증이 풀릴지도 모른다고 기대하는 사람들이 생겨나고 있습니다. 화성 탐사 프로젝트가 화제에 자꾸

오르내리니까요. 물론 아직까지는 현실 가능성이 낮지만, 여기서 짚고 넘어갑시다. 왜 하필 화성일까요?

일반적으로 천문학자들은 생명체가 있을 만한 행성을 '골디락스 존(Goldilock's zone)'*이라고 부릅니다. 골디락스 존은 태양과 같은 중심 항성으로부터 적절한 거리에 위치해 액체 상태의 물이 존재할 가능성이 있는 행성을 가리킵니다. 물은 우주에서 흔하게 발견되는 분자지만, 생명이 존재하려면 물 분자가 '액체' 상태여야 합니다. 그런데 행성이 중심 항성과 너무 가까우면 물이 증발해 수증기가 될 테고, 너무 멀면 얼음 상태로 존재하니 생명체가 탄생하기 어렵습니다. 우리가 화성에 관심을 가지는 이유는 화성이 지구와 더불어 태양계의 골디락스 존에 위치한 행성이기 때문이죠. 너무 멀고 추운 천왕성과 해왕성이나 너무 뜨거운 수성과 금성은 인간이 생존하기 어렵습니다. 인류가 거주하기 위해서는 행성 자체가 지구처럼 암석이어야 하니 가스로 이루어진 목성과 토성도 제외됩니다. 그렇다면 남는 건 화성밖에 없지요.

잠깐 화성을 소개할게요. 화

* '골디락스 존'은 영국의 전래 동화 「골디락스와 세 마리 곰」에서 유래된 단어입니다. 금발 소녀 골디락스는 낯선 집에 들어갔다가 식탁에 놓인 세 그릇에 담긴 수프를 한 번씩 떠먹고는 하나는 너무 뜨거워서 못 먹겠고, 하나는 너무 차가워서 못 먹겠지만, 마지막 하나는 뜨겁지도 차갑지도 않고 딱 적당해서 먹기 좋다고 이야기하며 마지막 그릇의 수프를 모두 먹어치웁니다. 여기서 나온 단어가 '골디락스 존'으로, 중심 항성에서 적절한 거리에 위치해 너무 뜨겁거나 너무 차갑지 않아 액체 상태의 물이 존재할 수 있는 지역을 의미합니다.

성의 크기는 지구의 절반 정도로, 하루는 24시간 37분이며 1년은 687일입니다. 자전축은 25° 정도 기울어져 있기 때문에 계절 변화도 있고, 아주 적지만 대기층도 존재합니다. 물론 지구보다 태양에서 멀리 떨어져 있어 기온은 상당히 낮은 편입니다. 평균 기온은 영하 65℃이고, 겨울에는 영하 143℃까지 내려간다고 하는데, 춥기는 하지만 인간은 단열이 잘 되는 우주복과 건물을 지을 능력이 있으니 적응이 가능하다고 생각합니다. 최근에는 화성에 액체 상태의 물이 존재한다는 관측 결과가 나와 생존 가능성이 더욱 높을 것이라 기대하고 있습니다. 다만 지구와 같은 맹물이 아니라 과염소산염이 녹아 있는 물일 것으로 추정됩니다. 이렇게 물에 다른 성분이 포함되면 기온이 상당히 내려가도 얼지 않을 수 있답니다. 다만 과염소산은 인간을 비롯한 지구 생물체에게는 매우 해로워 그 속에서 헤엄쳐 살아남기는 불가능합니다. 다시 말해 화성은 제2의 지구라기보다는, 상대적으로 인류가 생존할 가능성이 있는 행성 가운데 접근이 가능한 유일한 곳에 더 가깝습니다.

 ## 태양계 너머로 나아간 우주선들

인류가 발을 디뎌본 지구 외의 천체는 달이 유일합니다. 그러나 인간이 만든 우주선은 이미 오래전부터 태양계의 행성뿐 아니라 태양계 너머 먼 우주까지 나아가고 있답니다. 인류의 행성 탐사 계획 가운데 수성, 금성, 화성 등 내행성 탐사는 '매리너 프로젝트', 목성, 토성, 천왕성, 해왕성 등 외행성 탐사는 '보이저 프로젝트'로 이어졌는데요. 이 중 1977년 8월 20일에 발사된 보이저 2호는 1979년 7월 9일 목성, 1981년 8월 26일 토성, 1986년 1월 24일 천왕성, 1989년 2월 해왕성을 지났습니다. 이후 '역사상 가장 위대한 항해자'라는 말이 어울릴 정도로 많은 발견을 이루어낸 보이저 2호는 태양계를 벗어났습니다. 우리가 흔히 교과서나 화보집에서 보는 목성과 토성, 천왕성, 해왕성 등의 근접 사진과 정보는 대부분 보이저 2호의 작품입니다.

하지만 보이저호는 궤도가 맞지 않은 명왕성을 관측하지 못한 채 태양계를 떠났습니다. 따라서 명왕성을 비롯해 태양계의 외곽에 위치한 '카이퍼 벨트(Kuiper Belt)' 근방의 작은 천체들을 관측하기 위한 새로운 탐사선이 필요했습니다. 그 결과로 등장한 탐사선이 뉴허라이즌스호입니다. 카이퍼 벨트란, 1951년 미국의 천문학자 제러드 카이퍼(Gerard Kuiper, 1905~1973)가 주장한 운석과 얼음덩어리의 집합입니다. 해왕성 바깥쪽에서 태양계 주위를 도는 작은 천체들의 집합체입니다. 여러 개 왜행성 중 명왕성 등이 여기에 속해 있고, 혜성의 주요 근원지로 알려져 있습니다. 카이퍼 벨트는 태양에서 매우 멀리 떨어진 곳이기에 영하 200℃ 이하로 매우 춥고, 태양풍의 영향도 거의 받지 않아 46억 년 전 태양계가 형성되고 남은 태고의 물질들이 원형대로 보존되어 있을 거라 기대합니다. 따라서 과학자들은 뉴허

• 뉴허라이즌스호가 찍어
보낸 카이퍼 벨트에 속해
있는 명왕성의 모습.

라이즌스호의 정보를 근간으로 명왕성의 표면 성분과 대기를 분석해 카이퍼 벨트의 천체들이 어떻게 형성되었는지 파악하고, 이를 바탕으로 태양계의 생성 기원을 밝히려 하고 있습니다.

그리고 드디어 2015년 7월, 1930년에 감지되었지만 85년 동안이나 모습을 숨겨왔던 명왕성이 뉴허라이즌스호에 자신을 드러냅니다. 먼 우주로 탐사선을 보낼 때 1차적인 목적은 해당 천체에 대한 정보 수집입니다. 그러나 혹시나 모를 외계 지적 생명체와 조우할 것을 대비해 선물을 동봉하기도 합니다. 실제로 보이저 탐사선의 경우, 금으로 도금된 LP판이 실려 있습니다. 이 '골든 레코드'에는 지구의 풍경을 담은 115장의 사진과 한국어를 포함한 55개국 언어의 인사말, 빗소리나 천둥소리, 엄마가 아기에게 입맞춤하는 자연스러운 소리와 베토벤부터 루이 암스트롱의 음악 등이 담겨 있습니다. 물론 레코드를 재생할 플레이어도 같이 실렸다고 합니다.

뉴허라이즌스호에는 화장한 유골 28g과 25센트 동전도 실려 있는데요. 이 유골의 주인은 명왕성의 발견자인 클라이드 톰보(Clyde Tombaugh, 1906~1997)입니다. 뉴허라이즌스호의 발사 계획에 기뻐했던 톰보는 1997년 고령으로 세상을 떠났지만, 자신이 죽어서도 이 프로젝트에 참여하고 싶다는 유언을 남깁니다. 2006년 발사된 뉴허라이즌스호는 유골 일부를 담은 상자와 25센트 동전 하나를 싣고 명왕성을 향합니다. 명왕성은 영어로 '플루토(Pluto)', 즉 그리스 신화 속 저승의 신과 이름이 같고, 명왕성 주변을 돌고 있는 왜행성 '카론(Charon)'은 저승의 강을 건너게 해주는 뱃사공의 이름입니다. 예부터 저승의 강을 무사히 건너려 뱃사공인 카론에게 뱃삯으로 동전을 지불해야 한다고 해서 망자를 묻을 때 동전도 같이 관에 넣어주는 풍습이 있었습니다. 그래서 톰보의 유해가 무사히 명왕성을 지나 태양계 밖으로 나가도록 보살펴달라는 뜻에서 동전도 함께 넣었다고 합니다. 과학자들도 꽤나 낭만적이고 유머러스하지요.

명왕성 탐사를 무사히 마친 뉴허라이즌스호는 지금도 태양계 외곽을 향해 계속 나아가는 중입니다. 뉴허라이즌스호에는 플루토늄을 이용한 방사성동위원소 열전기 발전기(RTG)가 탑재되어 있는데, 앞으로 20년은 더 버틸 만한 양이라고 합니다. 뉴허라이즌스호는 2020년까지 카이퍼벨트 주변을 탐사하다가, 시속 약 5만km의 속도로 우주 공간을 날아다니며 2030년 넘어서까지 지구로 태양계 너머의 소식을 전해올 것으로 기대합니다. 20년 뒤, 발전기가 꺼져도 관성에 의해 영원히 우주 공간을 날아다니겠죠. 우주와 미래를 향한 인류의 꿈을 싣고 영원토록 말이죠. 그리고 이 탐사선이 전해오는 정보만큼 우주를 향한 인류의 꿈도 한 뼘씩 자라날 것입니다.

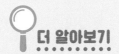

우주에서 농사짓기

영화 〈마션〉에서 화성에 고립된 우주 비행사 마크 와트니는 자급자족을 위해 화성의 땅을 개간해 밭을 만들고 감자 농사를 지어 식량을 확보합니다. 그런데 과연 화성 같은 외계 행성에서 농사짓는 것이 가능할까요?

이는 실제 우주여행에서 매우 중요한 문제입니다. 우주는 매우 광대하기 때문에 여행에 어마어마한 시간이 소요됩니다. 하지만 사람은 먹지 않고 살 수 없으니 여행 내내 먹을 식량을 싣고 가야 하고, 여러모로 큰 부담입니다. 우주인의 식량 450g을 운반하는 데 약 1만 달러의 비용이 든다고 합니다. 우주여행이 단기 이벤트가 아닌 장기 프로젝트가 되기 위해서는 식량 공급이 반드시 뒷받침되어야 하겠죠. 그래서 NASA는 우주에서 사용 가능한 소형 온실 장치 '베지(Veggie)'를 개발해 작물 재배를 시도했고, 2015년에는 베지에서 재배한 로메인 상추를 우주인 세 명이 먹는 장면이 한 동영상 사이트를 통해 공개되기도 했습니다. 실제로 LED를 이용해 감자를 재배하는 연구도 진행되었습니다.

일반적으로 우주인들은 우주 재배 작물로 녹황색 채소나 새싹 채소를 선호한다고 합니다. 녹황색 채소는 우주인에게 부족한 철분을 보충해줄 수 있고, 새싹 채소는 부피도 작고 다 자란 채소보다 비타민과 무기질이 서너 배는 많기 때문입니다. 하지만 이렇게 우주인들이 선호하는 채소가 있는 반면, 금기시되는 채소들도 있었습니다. 바로 콩, 배추, 브로콜리가 주인공인데요. 콩, 배추, 브로콜리는 소화 과정에서 장내세균과 상호작용을 해 방귀를 유발할 가능성이 높기 때문입니다. 방귀에는 적게나마 수소와 메탄이 포함되어 있어서 밀폐된 공간에 가득 찰 경우, 극단적인 상황에는 폭발의 위험성도 있다고 하네요. 지금은 이런 금기가 거의 사라졌지만, 지상과는 전혀 다른 우주 공간에서 살아가려면 참 많은 것을 고려해야 합니다.

• 소형 온실 장치 '베지'에서 재배되는 양배추.

08

제4차 산업혁명, 기계와 대결해 승리할 수 있을까?

 기계와 사람의 대결?

1870년대 미국은 산업혁명의 한가운데 들어서 있었습니다. 황량한 사막에 철도가 깔리고, 산을 뚫어 터널이 연결되고, 강 위로 다리가 놓였습니다. 길목마다 사람들이 모여들고 건물이 올라가고 도시가 생겨났지요. 새로운 무언가가 세워지는 곳은 항상 활기가 넘칩니다. 사람과 돈과 물자가 모이기 때문이지요. 이 시절에 새롭게 생겨난 직업이 철도 노동자입니다. 철도 노동자들은 건설되는 철도를 따라 이리저리 옮겨 다녀야 하고 일이 힘들고 위험했지만, 의외로 인기 있는 직업이었나봅니다. 미국 소설가 로라 잉걸스 와일더의 자전적 소설 『초원의 집』 시리즈에서는, 당시 젊은 아가씨들이 답답하고 고리타분해 보이는 농부 대신 활기차고 혈기 왕성한 철도 노동자와 사랑에 빠지길 좋아한다는 노래가 나올 정도니까요.

하지만 얼마 지나지 않아 철도 노동자들에게 위협적인 소식이 들려왔습니다. 철도 회사가 터널 굴착 작업에 노동자 대신 굴착기를 이용하겠다고 선언하고, 그만큼 노동자들을 해고하려 했던 것입니다. 하루아침에 일자리를 잃게 생긴 노동자들은 반발했고, 회사도 순순히 물러나지 않아 상황은 점점 험악해져만 갔습니다. 이때 한 남자가 나섰습니다. 이름은 존 헨리, 아프리카계 미국인인 존 헨리는 건장한 체격과 괴력을 지녀 별명도 '빅 맨(Big man)'이었습니다. 헨리는 회사 측에 이런 제안을 했습니다. 자신이 굴착기와 터널 파기 대결을 벌여서 이기면 굴착기 도입은 보류하고 기존의 노동자들을 그대로 고용하자는 겁니다. 반대로 굴착기가 이기면 자신을 비롯한 노

• 터널 앞에 선 존 헨리의 동상. 존 헨리는 굴착기와 터널 파기 대결에서 승리했지만 후유증으로 사망했다고 전한다.

동자들이 깨끗이 물러나겠다고 했죠. 회사 입장에서는 거절할 이유가 없었고, 이렇게 해서 전무후무한 '인간과 굴착기의 터널 파기 대결'이 시작되었습니다.

비록 존 헨리가 거구이고 힘든 일에 단련된 노련한 노동자라지만, 지치지 않는 기계와의 대결이 과연 가능한 일일까 싶었습니다. 그런데 놀랍게도 이 대결의 승리는 존 헨리에게 돌아갑니다. 헨리는 대결 과제였던 3m 두께의 암벽을 뚫고 반대편으로 나오는 데 성공했지만, 굴착기는 도중에 고장을 일으켜 실패했거든요. 헨리의 놀라운 힘과 의지는 인간의 승리를 이끌었지만, 정작 그는 이 대결의 후유증으로 얼마 안 가 사망했습니다.

이후 공사 현장에서 기계가 사람의 일을 대신하는 일은 이례적인 사건이 아니라 일상이 되어갔습니다.*

> * 존 헨리의 이야기는 매우 유명하고 그의 동상도 남아 있지만 존 헨리가 실존 인물인지 아니면 당시 노동자들을 상징하는 가상의 인물인지 여전히 논란이 있다고 합니다.

 ## 산업혁명이 바꾼 것들

요즘 들어 '제4차 산업혁명'이라는 말이 심심찮게 들려옵니다. 이 말에 많은 사람이 걱정을 쏟아냅니다. 제4차 산업혁명 시기가 닥치면 당장 길바닥을 떠도는 신세가 될 것처럼 말이죠. 제4차 산업혁명이 도대체 무엇이길래 이 낯설고도 친숙한 단어가 많은 사람을 공포에 떨게 하는 걸까요? 이를 이해하려면 먼저 산업혁명에 대해 알아야 합니다. 다가올 변화가 '제4차' 산업혁명이라면, 이미 세 차례에 걸쳐 산업의 혁명적인 변화가 있었겠지요. 이전의 변화 과정을 분석하면 제4차 산업혁명의 모습도 좀 더 선명해질 겁니다.

먼저 이름부터 풀어볼까요? 사전에서는 산업혁명(產業革命, Industrial Revolution)을 "18세기 중반부터 19세기 초반까지 산업 분야에서 기술의 혁신과 새로운 제조 공정으로의 전환, 이로 인해 일어난 사회·경제적 변화"라고 정의합니다. 이는 구체적으로 제1차 산업혁명에 대한 설명입니다. 여기서 중요한 건 '산업 분야에서의 혁신'이라는 표현입니다. 물건을 생산하는 산업 분야에서 혁신이 일어나면 동일한 자원을 투자해도 얻어지는 산물이 늘어납니다. 즉 '생산성이 증가'되는 것이죠. 공정을 단순화하고 과정을 개선시켜 생산성을 증가하는 시도는 오래전부터 있었지만, 산업혁명 시기는 이전보다 현저히 높은 생산성의 증가를 보였습니다. 이런 생산성의 증가 이면에는 증기기관이 있었습니다.

증기기관의 원리는 매우 단순합니다. 물을 끓여 나오는 수증기의 압력을 이용해 기계 바퀴를 돌리는 것인데요. 수증기의 힘으로 돌아가는 기계 바퀴의 운동에너지는 인간이 상업적으로 이용할 수 있는 최초의 비생물학적 동력원이 됩니다. 증기기관이 등장하기 이전에 인간 사회의 동력원은 물의 낙차를 이용하는 물레방아를 제외하고는 생물학적 근력이 절대적이었습니다. 물건은 지게꾼의 등짐으로 운반했고, 황무지는 황소가 쟁기를 끌어 갈았습니다. 원거리 이동은 말의 날렵한 네 다리의 도움을 받았고, 위풍당당한 거북선의 항해는 갑판 밑에서 손바닥이 부르트도록 노를 저은 노군들의 두 팔에서 나왔습니다. 인류는 스스로의 근력과 몇 가지 가축의 도움만으로 피라미드를 쌓고 만리장성을 두르고 마추픽추를 세웠습니다. 그저 좋아서 이 힘든 일을 근력만으로 해낸 게 아닙니다. 근력 외에는 마땅히 사용할 다른 동력원이 없었기 때문입니다. '가진 게 두 주먹밖에 없었기' 때문이지요.

그러다가 증기기관이 등장했습니다. 불이 꺼지지 않게 석탄을 넣어주거나 물이 졸아들지 않게 충분히 보충해주기만 하면 그 어떤 사람보다 강한 힘을 오랫동안 지치지 않고 꾸준히 제공하는 안정적인 동력원 말입니다. 증기기관을 이용해 기계나 기구를 가동하면 훨씬 효율적이기 때문에 산업 현장에서 단순한 동력원으로 일하던 사람들을 배제하기 시작합니다. 단순히 사람이 하는 일을 기계가 대신하는 수준을 넘어, 한 사람의 직업을 기계가 대치하게 된 것이죠.

'일'이란 '무엇을 이루려 몸이나 정신을 사용하는 활동, 또는 그 활동의 대상'이지만, 직업은 '안정적이고, 법과 윤리에 위배되지 않으며, 돈을 벌 수 있는 일'로 한정됩니다. 그러니 힘든 일을 기계가 대신해주는 건 고맙지만, 직업을 기계가 대치하면 생계에 위협이 됩니다. 이렇게 산업혁명은 '기술의 발전으로 인한 생산성의 증대'라는

증기기관을 이용한 기계화 / 컨베이어 벨트를 통한 분업화, 대량생산 구축 / 컴퓨터를 이용한 대량생산 시스템의 자동화 / 인공지능, 빅데이터, 사물 인터넷 기술 활용

• 제1차 ~ 제4차 산업혁명.

경제학적 가치와 함께, '기계와의 생산성 대결에서 직업을 잃고 밀려난 인간의 양산'이라는 사회적 딜레마를 낳았습니다. 19세기 중반에 시작된 제2차 산업혁명, 20세기 중반에 시작된 제3차 산업혁명도 마찬가지입니다. 제2차 산업혁명은 컨베이어 벨트를 통한 분업화와 대량생산 체제 구축, 제3차 산업혁명은 컴퓨터를 이용한 대량생산 시스템의 자동화가 증기기관을 대신해 생산성을 높였습니다. 이 과정에서 수많은 수공업 기술자와 단순 노동자가 기계에게 자리를 내주고 말았지요. 안타깝게도 인간은 지난 세 번의 산업혁명을 거치며 기술적 혁신의 결과물과 벌인 승부에서 한 번도 우위를 점해본 적이 없습니다.

　세 번의 산업혁명에서 증기기관, 컨베이어 벨트를 이용한 대량생산 체제, 컴퓨터를 이용한 자동화가 인간을 위협했다면 4차 산업혁명의 도전자는 빅 데이터와 사물 인터넷, 네트워크로 무장한 인공지능입니다. 인간보다 더 많은 정보를 가지고, 인간보다 더 효율적인 판단을 내리며 인간보다 더 냉철하게 반응하는 인공지능과의 대결을 앞둔 우리에게 '빅 맨' 존 헨리 같은 사람이 과연 존재하나요?

20세기 초, 미국의 특허청장을 지낸 찰스 두엘이 말했다고 와전되어 전해지는 "Everything that can be invented has been invented(발명할 수 있는 것은 모두 발명되었다)"라는 문구가 떠오릅니다. 한치 앞도 내다보지 못하면서 미래를 재단하는 인간의 오만함을 지칭하는 말로 유명하죠. 그러나 상황이 이쯤 되니 오히려 인류가 그즈음에서 발전을 멈추었으면 어땠을까 하는 생각도 듭니다. 기차와 자동차, 비행기, 전화, 전구, 냉장고, 라디오, 마천루, 영화관 등이 등장한 그때 무렵 말이죠.

하지만 이미 때는 늦었고, 우리는 새로운 길을 모색해야 합니다. 어떻게 이 난관을 헤쳐나갈 수 있을지는 저도 모릅니다. 그래도 적어도 한 가지는 압니다. 잘 짜인 시민 사회의 일원을 만들어내기 위해 20세기형 교육에서 강조하던 미덕, 즉 성실함, 근면함, 정직함, 책임감, 조직에의 순응과 같은 가치는 제4차 산업혁명 시대에 그다지 유용하지 못하다는 사실 말이죠. 솔직히 지구상에 있는 어떤 사람도 인공지능이 탑재된 기계만큼 성실하고 근면하게 일할 수 없습니다. 그들만큼 끝까지 정직하고 책임감 있기도 어렵고, 조직을 위해 하찮고 힘든 일을 불평 없이 해낼 사람도 드뭅니다.

따라서 제4차 산업혁명 시대의 교육 방향은 달라져야 한다고 생각합니다. 이미 세계경제포럼에서는 2020년대 사회에서 다음 열 가지 능력이 가장 가치 있을 것이라고 예측했습니다.

1. 분석적 사고와 혁신

2. 능동적 학습과 학습 전략

3. 창의성, 독창성, 추진력

4. 기술 디자인과 프로그래밍

5. 비판적 사고와 분석

6. 복잡한 문제 해결 능력

7. 리더십과 사회적 영향력

8. 감정 지능

9. 추론, 문제 해결과 추상화

10. 시스템 분석과 평가

공교롭게도 이 열 가지는 모두 다각적이고 감성적인 접근이 필요한 복합적인 정신 능력입니다. 이제 우리에게 필요한 건 바로 이런 가치입니다.

들어가는 말 | 본격적으로 과학의 강물에 뛰어들기 전에

하라리, 유발, 조현욱 옮김, 『사피엔스』, 김영사, 2015.

이주호, 「제4차 산업혁명이 요구하는 한국인의 역량과 교육 개혁」, 『정책연구』, 17-02, 2017.

제1부 과학으로 세상 보기

01 내가 본 그 남자는 누구였을까? – 자연의 실재성

이상욱, 「침대, 해왕성, X-레이, 연주시차: 과학철학 첫걸음」, 『과학기술의 철학적 이해(제6판)』, 한양대학교출판부, 2017.

돌닉, 에드워드, 노태복 옮김, 『뉴턴의 시계』, 책과함께, 2016.

셔머, 마이클, 김희봉 옮김, 『과학의 변경 지대』, 사이언스북스, 2005.

02 레알? 증거를 대봐! – 경험적 증거

장대익 외 3명, 『과학으로 생각한다』, 동아시아, 2007.

르윈스, 팀, 김경숙 옮김, 『과학한다, 고로 철학한다』, MID, 2016.

헬펀드, 데이비드, 노태복 옮김, 『생각한다면 과학자처럼』, 더퀘스트, 2017.

03 동물을 죽인 범인은 누구인가? – 합리적 추론

와이너, 조너선, 양병찬 옮김, 『핀치의 부리』, 동아시아, 2017.

코니코바, 마리아, 박인균 옮김, 『생각의 재구성』, 청림출판, 2014.

Caro, Tim & How, Martin, "Zebra Stripes Protect Against Flies – Now We Know How", *Discovery Magazine*, 2019.

04 누워서 밥을 먹으면 소가 될까? – 인과성

박재용, 『과학이라는 헛소리 1』, MID, 2018.

박재용, 『과학이라는 헛소리 2』, MID, 2019.

세이건, 칼, 김한영 옮김, 『에필로그』, 사이언스북스, 2001.

헤이스, 빌, 박중서 옮김, 『5리터』, 사이언스북스, 2008.

대한혈핵학회 http://www.hematology.or.kr/

한국백혈병어린이재단 http://www.kclf.org/

05 나의 다이어트 비법이 너에게 통하지 않는 이유는? – 경험적 증거의 보편성

김홍표,『먹고사는 것의 생물학』, 궁리, 2016.

사이언티픽 아메리칸 편집부, 김지선 옮김,『건강과 과학』, 한림출판, 2016.

06 블록을 맞추는 가장 효과적인 방법 – 과학적 사고 과정

조희형 외 4명,『과학교육론』, 교육과학사, 2018.

루터번스타인, 로버트, 권오현 옮김,『과학자의 생각법』, 을유문화사, 2017.

07 이랬다가 저랬다가 왔다갔다 – 변화하는 진실

Rommelfanger, Julia, "Egg phospholipid lowers cholesterol absorption", *Medscape*, 2001.

식품안전정보포털 식품안전나라 https://www.foodsafetykorea.go.kr/main.do

제2부 과학으로 살아가기

01 안개 속에서 길을 잃지 않으려면 – 대기 오염과 미세 먼지

강석기,『컴패니언 사이언스』, MID, 2018.

환경부,「오존, 제대로 알고 대비해요」, 행정간행물등록번호 11-1480000-001468-01, 2014.

Calderón-Garcidueñas, Lilian, et. al., "Air Pollution and Brain Damage", *Toxicologic pathology*, April 1, 2002.

Chen, Hong, et. al., "Living near major roads and the incidence of dementia, Parkinson's disease, and multiple sclerosis: a population-based cohort study", *The Lancet*, Vol 389, Feb 18, 2017.

02 점점 더워지고 점점 추워지는 날씨 – 기후 변화

김수병 외 4명 지음,『지구를 생각한다』, 해나무, 2009.

세계일보 특별기획취재팀,『지구의 미래』, 지상사, 2016.

고어, 앨, 김명남 옮김,『불편한 진실』, 좋은생각, 2006.

기든스, 앤서니, 홍욱희 옮김,『기후 변화의 정치학』, 에코리브르, 2009.

하만, 알렉산드라 외 1명, 김소정 옮김,『위대한 전환』, 푸른지식, 2016.

기상청,「종합 기후변화 감시정보 활용 가이던스」, 발간등록번호 11-1360000-001548-01, 2018.

03 플라스틱의 시대, 우리는 무엇을 써야 할까?

홍선욱 외 1명, 『바다로 간 플라스틱』, 지성사, 2008.

맥그레인, 새런 버트시 지음, 이충호 옮김, 『화학의 프로메테우스』, 가람기획, 2002.

수전, 프라인켈, 김승진 옮김, 『플라스틱 사회』, 을유문화사, 2012.

쿠터, 페니 르 외 1명, 곽주영 옮김, 『역사를 바꾼 17가지 화학 이야기 1』, 사이언스북스, 2007.

쿠터, 페니 르 외 1명, 곽주영 옮김, 『역사를 바꾼 17가지 화학 이야기 2』, 사이언스북스, 2014.

프레팅, 게르하르트 외 1명, 안성철 옮김, 『플라스틱 행성』, 거인, 2014.

힐, 존 W., 강종민 옮김, 『화학의 세계(13판)』, 라이프사이언스, 2014.

송경은, "밀렵 탓에 상아 없이 태어나는 코끼리들, 진화의 법칙을 뒤집다", 『동아사이언스』, 2019년 1월 13일.

04 손 안에 갇힌 번개 – 번개에서 배터리까지

이미하, 『볼타가 들려주는 화학전지 이야기』, 자음과모음, 2010.

보더니스, 데이비드, 김명남 옮김, 『일렉트릭 유니버스』, 글랜북스, 2014.

플레처, 세트, 한원철 옮김, 『슈퍼 배터리와 전기 자동차 이야기』, 성안당, 2015.

정문국, 「생활 속의 폭탄, 리튬이온배터리」, 『대학원신문』, 2016년 5월 31일.

05 스스로 진화시키는 인간 – 인체를 둘러싼 다양한 시도들

권복규 외 1명 지음, 『생명윤리와 법』, 이화여자대학교출판부, 2014.

김선웅, 『줄기세포의 허와 실』, 지식공감, 2013.

김수병, 『사람을 위한 과학』, 동아시아, 2005.

질병관리본부 장기이식관리센터, 『생명 잇기』, 휴먼컬처아리랑, 2014.

모건, 샐리, 최강열 옮김, 『줄기세포 발견에서 재생의학까지』, 다섯수레, 2011.

샌델, 마이클, 이수경 외 1명 옮김, 『완벽에 대한 반론』, 와이즈베리, 2016.

아키라, 데구치, 최인택 옮김, 『마음을 이식한다』, 심산, 2006.

야스타카, 츠츠이, 양억관 옮김, 『인간 동물원』, 북스토리, 2004.

틸니, 니콜라스 L., 김명철 옮김, 『트랜스플란트』, 청년의사, 2009.

국립장기이식관리센터 http://konos.go.kr/konosis/index.jsp

한국조직은행연합회 http://www.katb.or.kr/

06 갈라테이아에서 안드로이드까지 – 인조인간의 진화

구본권, 『로봇 시대, 인간의 일』, 어크로스, 2015.

이종호, 『로봇은 인간을 지배할 수 있을까?』, 북카라반, 2016.

임소연,『과학기술의 시대 사이보그로 살아가기』, 생각의힘, 2014.

임창환,『뇌를 바꾼 공학, 공학을 바꾼 뇌』, MID, 2015.

마스오 유카타, 박기원 옮김,『인공지능과 딥러닝』, 동아엠앤비, 2015.

모라벡, 한스, 박우석 옮김,『마음의 아이들』, 김영사, 2011.

브룩스, 로드니, 박우석 옮김,『로드니 브룩스의 로봇 만들기』, 바다출판사, 2005.

브린욜프슨, 에릭 외 1명, 이한음 옮김,『제2의 기계 시대』, 청림출판, 2014.

아시모프, 아이작, 박상준 옮김,『바이센테니얼 맨』, 좋은벗, 2000.

07 별을 향한 끝없는 열망, 우리는 어디까지 나아갈 수 있을까?

강석기,『티타임 사이언스』, MID, 2016.

이강환,『우주의 끝을 찾아서』, 현암사, 2014.

이명현,『이명현의 별 헤는 밤』, 동아시아, 2014.

이종필, 김명호 그림,『이종필 교수의 인터스텔라』, 동아시아, 2014.

장익준,『사이언스 아카데미 우주탐사』, 솔빛길, 2016.

그레고, 피터, 정옥희 옮김,『한 권으로 떠나는 별자리 여행』, 사람의무늬, 2013.

맨, 존, 이충호 옮김,『혜성 유성 소행성』, 다림, 2002.

세이건, 칼, 홍승수 옮김,『코스모스』, 사이언스북스, 2006.

쉬어, 윌리엄 외 1명, 고중숙 옮김,『갈릴레오의 진실』, 동아시아, 2006.

스콧, 일레인, 곽영직 옮김,『허블 망원경, 우주에서 우주를 보여주다』, 내인생의책, 2015.

플릿크로프트, 이언, 김명주 옮김,『아인슈타인과 별빛여행』, 서해문집, 2015.

천문연구원 https://www.kasi.re.kr/kor/index

08 제4차 산업혁명, 기계와 대결해 승리할 수 있을까?

이영석,『공장의 역사』, 푸른역사, 2012.

카스파로프, 가리, 박세연 옮김,『딥 씽킹』, 어크로스, 2017.

"세계경제포럼의 2022년에 필요한 능력(2022 Future Work Skills Outlook)", https://www.humantific.com/post/2022-future-work-skills-outlook

하리하라의 사이언스 인사이드 1

펴낸날	초판 1쇄 2019년 11월 5일
	초판 3쇄 2022년 3월 3일

지은이	이은희
펴낸이	심만수
펴낸곳	(주)살림출판사
출판등록	1989년 11월 1일 제9-210호

주소	경기도 파주시 광인사길 30
전화	031-955-1350 팩스 031-624-1356
홈페이지	http://www.sallimbooks.com
이메일	book@sallimbooks.com

ISBN	978-89-522-4152-8 44400
	978-89-522-4151-1 44400 (세트)

살림Friends는 (주)살림출판사의 청소년 브랜드입니다.